教育部 财政部职业院校教师素质提高计划职教师资培养资源开发项目
“土木工程”专业职教师资培养资源开发(VTNE040)
教育部 财政部职业院校教师素质提高计划成果系列丛书

多层砌体结构工程施工综合实训

张建荣 主编
汪晨武 晏路曼 张海琳 副主编
李小敏 主审

同济大学出版社
TONGJI UNIVERSITY PRESS
·上海·

内容提要

本书内容主要涉及多层砌体结构施工的施工图识读及技术交底、工程量计算及工程预算、施工组织设计、施工现场管理、工程资料管理等五个环节。按多层砌体结构项目施工的工作过程，分成建筑施工图识读、结构施工图识读、技术交底、建筑面积计算、工程量清单列项、砌筑工程量计算、混凝土工程量计算、预算文件编制、施工方案选定、进度计划编制、施工平面布置、文明施工管理、施工质量管理、施工安全管理、工程资料收集、工程竣工图编制、工程资料汇编、工程资料归档18个实训任务。每个实训项目的组织以行动导向教学理念为指导，包含实训目标、重点与难点、实训操作要点、实训成果评价、思考题、教学建议等，以帮助、指导学生开展基本操作技能训练，提高学生的职业关键能力，提升学生的职业综合素养，引导学生在操作实践的基础上积极反思，提高学习能力。

本书可作为中等职业学校建筑工程施工专业教师培养的实训教材，也可供各个层次土建类相关专业的砌体结构施工实训课程选择使用。同时也可作为成人教育、相关职业岗位培训教材。

图书在版编目(CIP)数据

多层砌体结构工程施工综合实训 / 张建荣主编.—上海：同济大学出版社，2018.12

ISBN 978-7-5608-8425-7

Ⅰ.①多… Ⅱ.①张… Ⅲ.①砌体结构-工程施工-技术培训-教材 Ⅳ.①TU36

中国版本图书馆CIP数据核字(2018)第300941号

多层砌体结构工程施工综合实训

张建荣 **主编** 汪晨武 晏路曼 张海琳 **副主编** 李小敏 **主审**

责任编辑 马继兰 **责任校对** 徐春莲 **封面设计** 陈益平

出版发行 同济大学出版社 www.tongjipress.com.cn

(地址：上海市四平路1239号 邮编：200092 电话：021-65985622)

经　销 全国各地新华书店

排　版 南京新翰博图文制作有限公司

印　刷 江苏凤凰数码印务有限公司

开　本 787 mm×1 092 mm 1/16

印　张 11.75

字　数 293 000

版　次 2018年12月第1版

印　次 2024年8月第2次印刷

书　号 ISBN 978-7-5608-8425-7

定　价 48.00元

编 委 会

出版说明

《国家中长期教育改革和发展规划纲要(2010—2020年)》颁布实施以来,我国职业教育进入到加快构建现代职业教育体系、全面提高技能型人才培养质量的新阶段。加快发展现代职业教育,实现职业教育改革发展新跨越,对职业学校"双师型"教师队伍建设提出了更高的要求。为此,教育部明确提出,要以推动教师专业化为引领,以加强"双师型"教师队伍建设为重点,以创新制度和机制为动力,以完善培养培训体系为保障,以实施素质提高计划为抓手,统筹规划,突出重点,改革创新,狠抓落实,切实提升职业院校教师队伍整体素质和建设水平,加快建成一支师德高尚、素质优良、技艺精湛、结构合理、专兼结合的高素质专业化的"双师型"教师队伍,为建设具有中国特色、世界水平的现代职业教育体系提供强有力的师资保障。

目前,我国共有60余所高校正在开展职教师资培养,但由于教师培养标准的缺失和培养课程资源的匮乏,制约了"双师型"教师培养质量的提高。为完善教师培养标准和课程体系,教育部、财政部在"职业院校教师素质提高计划"框架内专门设置了职教师资培养资源开发项目,中央财政拨款1.5亿元,系统开发用于本科专业职教师资培养标准、培养方案、核心课程和特色教材等系列资源。其中,包括88个专业项目,12个资格考试制度开发等公共项目。该项目由42家开设职业技术师范专业的高等学校牵头,组织近千家科研院所、职业学校、行业企业共同研发,一大批专家学者、优秀校长、一线教师、企业工程技术人员参与其中。

经过三年的努力,培养资源开发项目取得了丰硕成果。一是开发了中等职业学校88个专业(类)职教师资本科培养资源项目,内容包括专业教师标准、专业教师培养标准、评价方案,以及一系列专业课程大纲、主干课程教材及数字化资源;二是取得了6项公共基础研究成果,内容包括职教师资培养模式、国际职教师资培养、教育理论课程、质量保障体系、教学资源中心建设和学习平台开发等;三是完成了18个专业大类职教师资资格标准及认证考试标准开发。上述成果,共计800多本正式出版物。总体来说,培养资源开发项目实现了高效益:形成了一大批资源,填补了相关标准和资源的空白;凝聚了一支研发队伍,强化了教师培养的"校—企—校"协同;引领了一批高校的教学改革,带动了"双师型"教师的专业化培养。职教师资培养资源开发项目是支撑专业化培养的一项系统化、基础性工程,是加强职教教师培养培训一体化建设的关键环节，也是对职教师资培养培训基地教师专业化培养实践、教师教育研究能力的系统检阅。

自 2013 年项目立项开题以来，各项目承担单位、项目负责人及全体开发人员做了大量深入细致的工作，结合职教教师培养实践，研发出很多填补空白、体现科学性和前瞻性的成果，有力推进了“双师型”教师专门化培养向更深层次发展。同时，专家指导委员会的各位专家以及项目管理办公室的各位同志，克服了许多困难，按照两部对项目开发工作的总体要求，为实施项目管理、研发、检查等投入了大量时间和心血，也为各个项目提供了专业的咨询和指导，有力地保障了项目实施和成果质量。在此，我们一并表示衷心的感谢。

编写委员会

2016 年 3 月

序

为贯彻落实《国务院关于加强教师队伍建设的意见》(国发〔2012〕41号)《教育部、财政部关于实施职业院校教师素质提高计划的意见》(教职成〔2011〕14号)等文件精神,2013年启动职业院校教师素质提高计划本科专业职业院校教师师资培养资源开发项目。该计划的一项重要内容是开发88个专业项目和12个公共项目的职业院校教师师资培养标准、培养方案、核心课程和特色教材,这对促进职业院校教师师资培养培训工作的科学化、规范化,完善职业院校教师师资培养体系有着开创性、基础性意义。

对土木工程专业职教师资而言,由于土木工程专业技术性强,既需要掌握相应的理论知识,又必须具备相当的实践技能,同时还需要根据技术的发展,不断更新知识和技能,对教师的教学能力提出了较高的要求。目前土木工程专业教师的状况不尽如人意,不仅许多教师毕业于普通高校的相关专业,即使来自于专门培养的职业院校的教师,其教学能力也很欠缺。在本科阶段,加强职业教育师资培养,是推进职业教育教师队伍建设的重要内容,是提高教师队伍整体素质的主要途径。

经过申报、专家评审认定,同济大学为全国重点建设职业院校教师师资培养培训基地,承担了"土木工程专业职教师资培养标准、培养方案、核心课程和特色教材开发项目",制定专业教师标准、制定专业教师培养标准 、制定培养质量评价方案以及开发课程资源(开发专业课程大纲、开发主干课程教材、开发数字化资源库)的编制、研发和创编工作。本套核心教材一共5本,是本项目中的一个重要组成部分。本套核心教材的编写广泛采用了基于工作过程系统化的设计思想和体现问题导向、案例引导、任务驱动、项目教学等职业教育教学方法的要求,整体实现"三性融合",采用系统创新,有整体设计,打破学科化、单纯的学术知识呈现的旧有模式。

本套教材可作为相关高校培养土木工程专业职业院校教师师资的专用教材,也可作为该专业的职业院校教师师资的培训和进修辅助教材。

土木工程专业职教师资培养资源开发课题组
2016年11月

前　言

职业教育专业综合实训是指学生在具有基础专业知识和基本专项技能后，在校集中进行以专业相对应的主要工作任务为背景、涉及行业核心工作岗位、针对职业关键工作技能、综合运用专业理论知识的系统训练。其目标是较为系统地训练实际操作技能、学习相关理论知识、养成职业行为习惯，培养学生掌握与所学专业相对应的核心岗位上的职业关键能力，全方位地为进入企业顶岗实习和就业做准备。

本教材的实训项目是以某大学学生宿舍为背景的多层砌体结构。考虑到混凝土养护时间较长、浇筑完成后拆除不便、材料损耗大成本高等原因，实训的前提条件是建筑的基本测设控制点已经设定，基础工程已经施工完毕。因此，本教材的实训内容主要涉及多层砌体结构施工的技术交底、计量与计价、施工组织设计、施工现场管理、工程资料管理等环节，分成18个实训任务。各个实训任务之间既是相互独立的，又是通过背景工程相联系的。教师可以根据学校实训基地的条件进行安排，既可以参照本教材的顺序进行多层砌体结构施工的综合实训，也可以进行每个工作任务的单独实训。教材附录给出了作为背景工程的某大学学生宿舍部分施工图，以方便实训教学活动的进行。

教学实施时可采用基于行动导向教学理念的项目教学法，在进行每项实训工作任务时，结合实训任务布置、实训成果验收、实训总结评价等教学环节，将理论学习与现实的职业工作活动、专业操作技能结合起来，并使学生受到劳动环境和职业文化的熏陶，引导学生在操作实践的基础上积极反思，架设连结课堂学习与工作岗位之间的桥梁，使学生的专业知识体系得到基于工作系统的再次构建，提高学习和工作的能力。

本教材由张建荣主编，汪晨武、晏路曼、张海琳副主编，李小敏主审。参加编写的还有上海思博职业技术学院刘毅、胡进洲、陈志勇、黄思琪、余苏文、顾菊元，上海九昌建设有限责任公司吴宝军，上海南汇建筑公司朱振华，同济大学应届本科毕业生黄莺、林怡洁等也参与了编写。在同济大学职业技术教育学院参加职教师资培训班的部分学员参与了实训方案讨论，在此一并表示衷心感谢。

限于编者水平，书中难免有疏漏和不当之处，敬请读者批评指正。

编　者

2018年12月

目　录

单元 1

施工图识读及技术交底

单元概述

施工图是表示建筑工程项目总体布局、建筑物的外部形状、内部使用功能及布置、内外装修、构造作法以及施工要求、设备选择等的图样。施工图具有图纸齐全、表达准确、要求具体的特点，是编制施工组织设计、施工图预算书、组织施工的依据，也是进行施工管理的重要技术文件。施工图识读是施工计划、组织、实施的首要基础工作。交底，是在某一项工作开始前，由主管领导向参与人员进行的技术性交底，其目的是使参与人员对所要进行的工作技术上的特点、技术质量要求、工作方法与措施等方面有一个较详细的了解，以便于科学地组织开展工作，避免技术质量等事故的发生。

实训目标

了解房屋建筑的建筑施工图和结构施工图的组成、图示内容、表达方法及作用，了解交底的主要步骤，熟悉钢筋混凝土框架梁、柱、楼板的形式、截面尺寸、配筋种类及构造要求；能够读懂建筑施工图和结构施工图，学会查阅和使用标准图集，为后续编制施工组织设计和施工图预算书及进行施工管理等工作提供依据；养成严谨、细致、认真的工作态度。

教学重点

建筑施工图、结构施工图的正确识读。

教学建议

本单元教学内容包含建筑施工图识读、结构施工图识读和交底三部分内容。采用平时课间实训与集中实训相结合的教学方式。建议 8 学时完成这 3 个实训任务。实训按小组进行，4～5 人一组，选组长一人，负责组内的实训分工和仪器管理。课程采用理论和实践相结合的方法，建议教师引导学生学习本章内容，有针对性地展开讨论，提高解决问题的能力和对知识的掌握程度。

任务1　建筑施工图识读

1.1　实训目标

(1) 掌握建筑施工图的分类。

(2) 掌握施工图首页的构成及作用。

(3) 掌握建筑总平面图的图示内容及作用。

(4) 掌握建筑平面图、建筑立面图、建筑剖面图的作用、图示内容以及画法与识读方法。

(5) 掌握建筑详图的作用、图示内容以及画法与识读方法。

(6) 掌握宿舍楼建筑施工图的图示内容以及画法与识读方法。

1.2　学习重点与难点

学习重点:建筑总平面图、平面图、立面图、剖面图、详图及宿舍楼建筑施工图的作用、图示内容以及画法与识读方法。

学习难点:建筑总平面图、立面图、剖面图、详图及宿舍楼建筑施工图的画法与识图。

1.3　识图审图的步骤

工程开工前,必须进行识图、审图,再进行图纸会审工作。如果有识图、审图经验,掌握一些要点,则事半功倍。识图、审图的程序是:熟悉拟建工程的功能;熟悉、审查工程平面尺寸;熟悉、审查工程立面尺寸;检查施工图中容易出错的部位有无差错;审查原施工图有无可改进的地方。

1. 熟悉拟建工程的功能

拿到图纸后,首先了解本工程的功能是什么,是车间还是办公楼,是商场还是宿舍楼。了解功能后,再联想一些基本尺寸和装修,例如厕所地面一般会贴地砖、做块料墙裙,厕所、阳台楼地面标高一般会比其他房间低几厘米;车间的尺寸一定要满足生产的需要,特别是要满足设备安装的需要，等等。最后识读建筑设计说明，熟悉工程装修情况。

2. 熟悉、审查工程平面尺寸

建筑工程施工平面图一般有三道尺寸线，第一道尺寸线是细部尺寸，第二道尺寸线是轴线间尺寸，第三道尺寸线是总尺寸。检查第一道尺寸之和是否等于第二道尺寸，第二道尺寸之和是否等于第三道尺寸，并留意边轴线是否是墙中心线。识读工程平面图尺寸，先识建施平面图，再识本层结施平面图，最后识水电空调安装、设备工艺、第二次装修施工图，检查它们是否一致。熟悉本层平面尺寸后，审查是否满足使用要求，例如检查房间平面布置是否方便使用、采光通风是否良好等。识读下一层平面图尺寸时，检查与上一层有无不一致的地方。

3. 熟悉、审查工程立面尺寸

建筑工程建施图一般有正立面图、剖立面图、楼梯剖面图，这些图有工程立面尺寸信息；建施平面图、结施平面图上，一般也标有本层标高；梁表中，一般有梁表面标高；基础大样图、其他细部大样图，一般也有标高注明。通过这些施工图，可掌握工程的立面尺寸。正立面图一般有三道尺寸线，第一道是窗台、门窗的高度等细部尺寸，第二道是层高尺寸，并标注有标高，第三道是总高度。审查方法与审查平面各道尺寸一样，即第一道尺寸之和是否等于第二道尺寸、第二道尺寸之和是否等于第三道尺寸。检查立面图各楼层的标高是否与建施平面图相同，再检查建施的标高是否与结施标高相符。建施图各楼层标高与结施图相应楼层的标高应不完全相同，因建施图的楼地面标高是工程完工后的标高，而结施图中楼地面标高仅为结构面标高，不包括装修面的高度，同一楼层建施图的标高应比结施图的标高高几厘米。这一点需特别注意，因为有些施工图把建施图标高标在了相应的结施图上，如果不留意，施工中会出错。

熟悉立面图后，主要检查门窗顶标高是否与其上一层的梁底标高相一致；检查楼梯踏步的水平尺寸和标高是否有错，检查梯梁下竖向净空尺寸是否大于 2 m，是否出现碰头现象；当中间层设有露台时，检查露台标高是否比室内低；检查厕所、浴室楼地面是否低几厘米，若不是，检查有无防溢水措施；最后与水电空调安装、设备工艺、第二次装修施工图相结合，检查建筑高度是否满足功能需要。

4. 检查施工图中容易出错的部位有无差错

熟悉建筑工程尺寸后，再检查施工图中容易出错的地方有无差错，主要检查内容如下：

(1) 检查女儿墙混凝土压顶的坡向是否朝内。

(2) 检查砖墙下是否有梁。

(3) 结构平面中的梁，在梁表中是否全标出了配筋情况。

(4) 检查主梁的高度是否有低于次梁高度的情况。

(5) 梁、板、柱在跨度相同、相近时，是否有配筋相差较大的地方；若有，需验算。

(6) 当梁与剪力墙同一直线布置时，检查是否有梁的宽度超过墙的厚度。

(7) 当梁分别支承在剪力墙和柱边时,检查梁中心线是否与轴线平行或重合,检查梁宽是否突出墙或柱外,若有,应提交设计处理。

(8) 检查梁的受力钢筋最小间距是否满足施工验收规范要求。

(9) 检查室内出露台的门上是否设计有雨篷,检查结构平面上雨篷中心是否与建施图上门的中心线重合。

(10) 检查设计要求与施工验收规范是否不同。如柱表中常说明:柱筋每侧少于 4 根可在同一截面搭接。但施工验收规范要求,同一截面钢筋搭接面积不得超过 50%。

(11) 检查结构说明与结构平面、大样、梁柱表中内容以及与建施说明是否存在相矛盾之处。

(12) 单独基础系双向受力,沿短边方向的受力钢筋一般置于长边受力钢筋的上面,检查施工图的基础大样图中钢筋是否画错。

5. 审查原施工图有无可改进的地方

主要从有利于该工程的施工、有利于保证建筑质量、有利于工程美观和使用三个方面对原施工图提出改进意见。

1.4 建筑施工图识读内容

1.4.1 建筑施工图首页

施工图首页一般由图纸目录、设计总说明、构造做法表及门窗表组成,详见附录图纸的案例。

1. 图纸目录

图纸目录放在一套图纸的最前面。说明本工程的图纸类别、图号编排、图纸名称和备注等,方便图纸的查阅。

2. 设计总说明

主要说明工程的概况和总的要求。内容包括工程设计依据(如工程地质、水文、气象资料)、设计标准(建筑标准、结构荷载等级、抗震要求、耐火等级、防水等级)、建设规模(占地面积、建筑面积)、工程做法(墙体、地面、楼面、屋面等的做法)及材料要求。

3. 构造做法表

构造做法表是以表格的形式对建筑物各部位构造、做法、层次、选材、尺寸、施工要求等详细说明。学生自己在建筑设计总说明中找到。

4. 门窗表

门窗表反映门窗的类型、编号、数量、尺寸规格、所在标准图集等相应内容,以备工程施工、结算所需。

1.4.2 建筑平面图

1. 建筑平面图

建筑平面图，简称平面图，它是假想用一水平剖切平面将房屋沿窗台以上适当部位剖切开来，对剖切平面以下部分所做的水平投影图。平面图通常用1∶50，1∶100，1∶200的比例绘制，它反映出房屋的平面形状、大小和房间的布置，墙(或柱)的位置、厚度、材料，门窗的位置、大小、开启方向等情况，作为施工时放线、砌墙、安装门窗、室内外装修及编制预算等的重要依据。

2. 建筑平面图的图示方法

当建筑物各层的房间布置不同时应分别画出各层平面图；若建筑物的各层布置相同，则可以用四个平面图表达，即只画底层平面图和楼层平面图、顶层平面图和屋顶平面图。此时楼层平面图代表了中间各层相同的平面，故称标准层平面图。

因建筑平面图是水平剖面图，故在绘制时，应按剖面图的方法绘制，被剖切到的墙、柱轮廓用粗实线(b)，门的开启方向线可用中粗实线($0.7b$)，窗的轮廓线以及其他可见轮廓和尺寸线等用细实线($0.25b$)表示。

3. 建筑平面图的图示内容

1) 底层平面图的图示内容

(1) 建筑物的墙、柱位置并对其轴线编号；

(2) 建筑物的门、窗位置及编号；

(3) 各房间名称及室内外楼地面标高；

(4) 楼梯的位置及楼梯上下行方向及级数、楼梯平台标高；

(5) 阳台、雨篷、台阶、雨水管、散水、明沟、花池等的位置及尺寸；

(6) 室内设备(如卫生器具、水池等)的形状、位置；

(7) 剖面图的剖切符号及编号；

(8) 墙厚、墙段、门、窗、房屋开间、进深等各项尺寸；

(9) 详图索引符号；

(10) 指北针。

2) 标准层平面图的图示内容

(1) 建筑物的门、窗位置及编号；

(2) 各房间名称、各项尺寸及楼地面标高；

(3) 建筑物的墙、柱位置并对其轴线编号；

(4) 楼梯的位置及楼梯上下行方向、级数及平台标高；

(5) 阳台、雨篷、雨水管的位置及尺寸；

(6) 室内设备(如卫生器具、水池等)的形状、位置；

(7) 详图索引符号。屋顶平面图的图示内容包含:屋顶檐口、檐沟、屋顶坡度、分水线与落水口的投影,出屋顶水箱间、上人孔、消防梯及其他构筑物、索引符号等。

4. 建筑平面图的图例符号

阅读建筑平面图应熟悉常用图例符号,图 1-1 是部分图例符号,详细可参见《房屋建筑制图统一标准》(GB 50001—2010)。

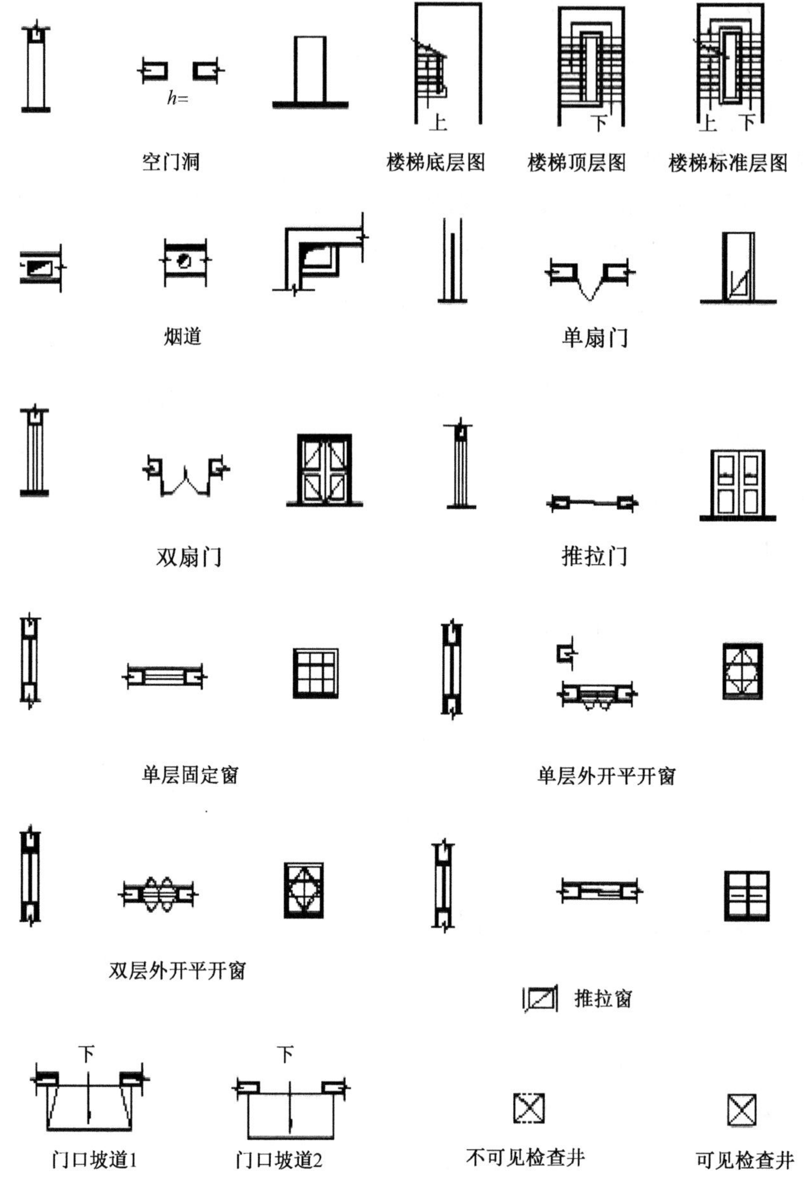

图 1-1 建筑平面图常用图例符号

5. 建筑平面图的识读举例

本建筑平面图分底层平面图、标准层平面图(见附录)。从图中可知比例均为 1∶100,从底层平面图的指北针可知该建筑物朝向为坐北朝南,同时可以看出,该建筑为一字形对称布置，主要房间为卧室。本建筑设有两个楼梯间，中间有 2.1 m 宽的内走廊。有三种类型的门，一种类型的窗。房屋开间为 3.9 m，进深为 7.2 m。剖面图的剖切位置在楼梯间处。

1.4.3　建筑立面图

1. 建筑立面图的形成和用途

建筑立面图，简称立面图，是指在与房屋立面平行的投影面上所做的房屋正投影图。它主要反映房屋的长度、高度、层数等外貌和外墙装修构造。它的主要作用是确定门窗、檐口、雨篷、阳台等的形状和位置及指导房屋外部装修施工和计算有关的预算工程量。

2. 建筑立面图的图示方法及其命名

1）建筑立面图的图示方法

为使建筑立面图主次分明、图面美观，通常将建筑物不同部位采用粗细的线型来表示。最外轮廓线画粗实线（b），室外地坪线用加粗实线（$1.4b$），所有突出部位如阳台、雨篷、线脚、门窗洞等中实线（$0.5b$），其余部分用细实线（$0.25b$）表示。

2）立面图的命名方式

第一，用房屋的朝向命名，如南立面图、北立面图等；第二，根据主要出入口命名，如正立面图、背立面图、侧立面图；第三，用立面图上首尾轴线命名，如①轴～⑧轴立面图和⑧轴～①轴立面图。

3）建筑立面图的图示内容

（1）室外地坪线及房屋的勒脚、台阶、花池、门窗、雨篷、阳台、室外楼梯、墙、柱、檐口、屋顶、雨水管等内容。

（2）尺寸标注。用标高标注出各主要部位的相对高度，如室外地坪、窗台、阳台、雨篷、女儿墙顶、屋顶水箱间及楼梯间屋顶等的标高。用尺寸标注的方法标注立面图上的细部尺寸、层高及总高。

（3）建筑物两端的定位轴线及其编号。

（4）外墙面装修。有的用文字说明，有的用详图索引符号表示。

1.4.4　建筑剖面图

1. 建筑剖面图的形成与用途

建筑剖面图，简称剖面图，它是假想用一铅垂剖切面将房屋剖切开后移去靠近观察者的部分，做出剩下部分的投影图。剖面图用以表示房屋内部的结构或构造方式，如屋面（楼、地面）形式、分层情况、材料、做法、高度尺寸及各部位的联系等。它与平面图、立面图互相配合用于计算工程量，指导各层楼板和屋面施工、门窗安装和内部装修等。剖面图的数量是根据房屋的复杂情况和施工实际需要决定的；剖切面的位置，要选择在房屋内部构造比较复杂、有代表性的部位，如门窗洞口和楼梯间等位置，并应通过门窗洞口。剖面图的图名符号应与底层平面图上标注的剖切符号的编号相对应。

2. 建筑剖面图的图示内容

(1) 必要的定位轴线及轴线编号。

(2) 剖切到的屋面、楼面、墙体、梁等的轮廓及材料做法。

(3) 建筑物内部分层情况以及竖向、水平方向的分隔。

(4) 即使没被剖切到,但在剖视方向可以看到的建筑物构(配)件。

(5) 屋顶的形式及排水坡度。

(6) 标高及必须标注的局部尺寸。

(7) 必要的文字注释。

3. 建筑剖面图的识读方法

(1) 结合底层平面图阅读,对应剖面图与平面图的相互关系。

(2) 结合建筑设计说明或材料做法表,查阅地面、墙面、楼面、顶棚等的装修做法。

(3) 根据剖面图尺寸及标高,了解建筑层高、总高、层数及房屋室内外地面高差。如图 1-2所示,本建筑层高 3.1 m,总高 21.2 m,共 6 层,房屋室内外地面高差 0.45 m。

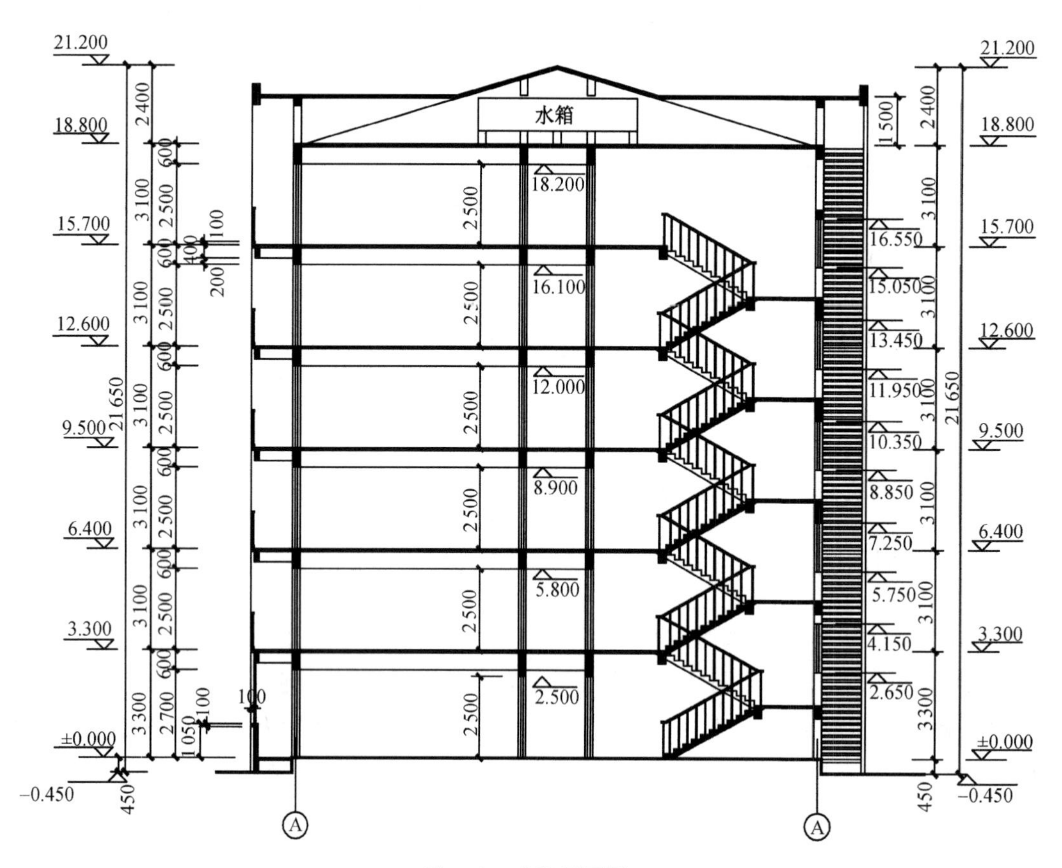

图 1-2 建筑剖面图

(4) 了解建筑构(配)件之间的搭接关系。

(5) 了解建筑屋面的构造及屋面坡度的形成。

(6) 了解墙体、梁等承重构件的竖向定位关系,如轴线是否偏心。

1.4.5 建筑详图

1. 外墙身详图

墙身详图也叫墙身大样图,实际上是建筑剖面图的有关部位的局部放大图。它主要表达墙身与地面、楼面、屋面的构造连接情况以及檐口、门窗顶、窗台、勒脚、防潮层、散水、明沟的尺寸、材料、做法等构造情况,是砌墙、室内外装修、门窗安装、编制施工预算以及材料估算等的重要依据。有时在外墙详图上引出分层构造,注明楼地面、屋顶等的构造情况,而在建筑剖面图中省略不标。

外墙剖面详图往往在窗洞口断开,因此在门窗洞口处出现双折断线(该部位图形高度变小,但标注的窗洞竖向尺寸不变),成为几个节点详图的组合。在多层房屋中,若各层的构造情况一样时,可只画墙脚、檐口和中间层(含门窗洞口)三个节点,按上下位置整体排列。有时墙身详图不以整体形式布置,而把各个节点详图分别单独绘制,也称为墙身节点详图。

墙身节点详图的图示内容如图 1-3 所示,主要内容包括:

(1) 墙身的定位轴线及编号,墙体的厚度、材料及其本身与轴线的关系。

(2) 勒脚、散水节点构造。主要反映墙身防潮做法、首层地面构造、室内外高差、散水做法,一层窗台标高等。

(3) 标准层楼层节点构造。主要反映标准层梁、板等构件的位置及其与墙体的联系,构件表面抹灰、装饰等内容。

(4) 檐口部位节点构造。主要反映檐口部位包括封檐构造(如女儿墙或挑檐)、圈梁、过梁、屋顶泛水构造、屋面保温、防水做法和屋面板等结构构件。

(5) 图中的详图索引符号等。

【例 1-1】 墙身节点详图(图 1-3)的阅读。

(a) 墙体为Ⓐ轴外墙,厚度 370 mm。

(b) 室内外高差为 0.3 m,墙身防潮采用 20 mm 防水砂浆,设置于首层地面垫层与面层交接处,一层窗台标高为 0.9 m,首层地面做法从上至下依次为 20 厚 1∶2 水泥砂浆面层、20 厚防水砂浆一道、60 厚混凝土垫层、素土夯实。

(c) 标准层楼层构造层次从上至下依次为 20 厚 1∶2 水泥砂浆面层、120 厚预应力空心楼板、板底勾缝刷白。120 厚预应力空心楼板搁置于横墙上,标准层楼层标高分别为 3 m, 6 m, 9 m。

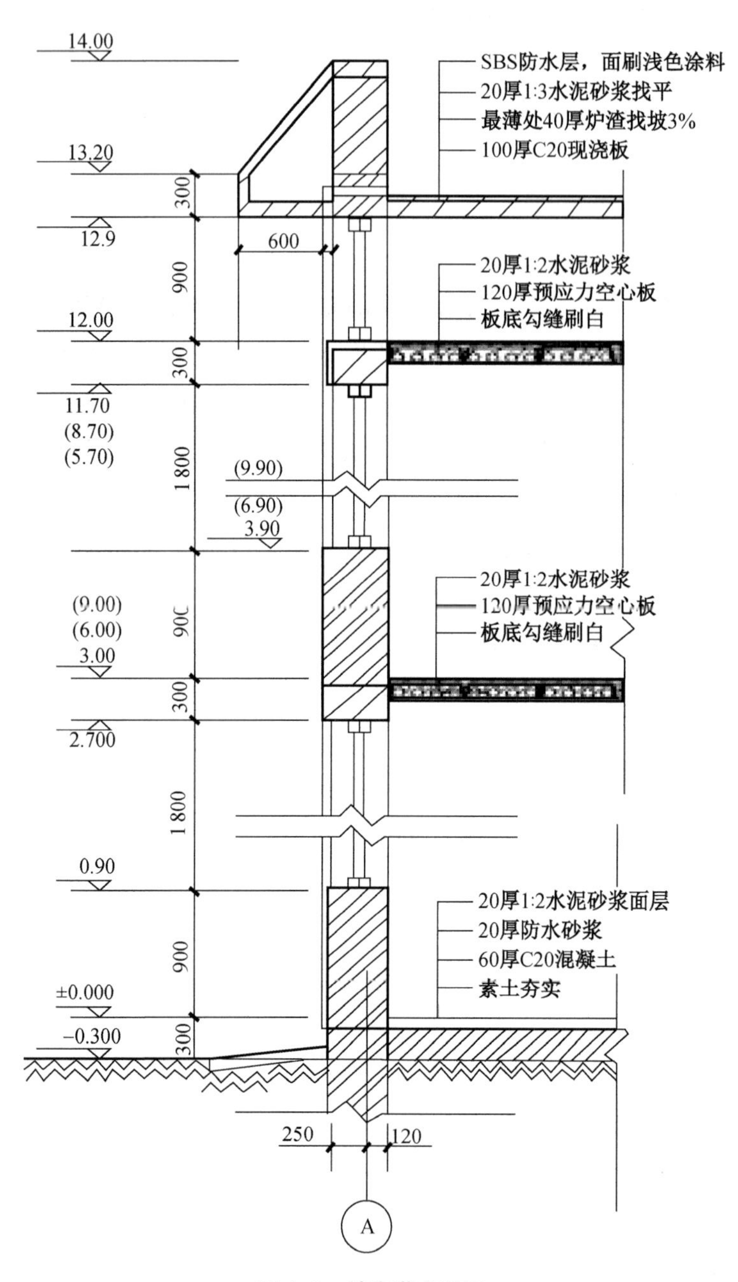

图 1-3 墙身节点详图

(d) 屋顶采用架空 900 mm 高的通风屋面，下层板为 120 mm 厚预应力空心楼板，上层板为 100 mm 厚 C20 现浇钢筋混凝土板；采用 SBS 柔性防水，刷浅色涂料保护层；檐口采用外天沟，挑出 600 mm，为了使立面美观，外天沟用斜向板封闭，并外贴金黄色琉璃瓦。

2. 楼梯详图

楼梯是由楼梯段、休息平台、栏杆或栏板组成。楼梯详图主要表示楼梯的类型、结构形式、各部位的尺寸及装修做法等，是楼梯施工放样的主要依据。

楼梯详图一般分建筑详图与结构详图，应分别绘制并编入建筑施工图和结构施工图中。对于一些构造和装修较简单的现浇钢筋混凝土楼梯，其建筑详图与结构详图可合并绘制，编入建筑施工图或结构施工图。

楼梯的建筑详图一般有楼梯平面图、楼梯剖面图以及踏步和栏杆等节点详图。

1）楼梯平面图

楼梯平面图实际上是在建筑平面图中楼梯间部分的局部放大图，如图 1-4 所示。

楼梯平面图通常要分别画出底层楼梯平面图、顶层楼梯平面图及中间各层的楼梯平面图。如果中间各层的楼梯位置、楼梯数量、踏步数、梯段长度都完全相同时，可以只画一个中间层楼梯平面图，这种相同的中间层的楼梯平面图称为标准层楼梯平面图。在标准层楼梯平面图中的楼层地面和休息平台上应标注出各层楼面及平台面相应的标高，其顺序应由下而上逐一注写。

楼梯平面图主要表明梯段的长度和宽度、上行或下行的方向、踏步数和踏面宽度、楼梯休息平台的宽度、栏杆扶手的位置以及其他一些平面形状。

楼梯平面图中，楼梯段被水平剖切后，其剖切线是水平线，而各级踏步也是水平线，为了避免混淆，剖切处规定画 45°折断符号，首层楼梯平面图中的 45°折断符号应以楼梯平台板与梯段的分界处为起始点画出，使第一梯段的长度保持完整。

楼梯平面图中，梯段的上行或下行方向是以各层楼地面为基准标注的。向上者称为上行，向下者称为下行，并用长线箭头和文字在梯段上注明上行、下行的方向及踏步总数。

在楼梯平面图中，除注明楼梯间的开间和进深尺寸、楼地面和平台面的尺寸及标高外，还需注出各细部的详细尺寸。通常用踏步数与踏步宽度的乘积来表示梯段的长度。通常三个平面图画在同一张图纸内，并互相对齐，这样既便于阅读，又可省略标注一些重复的尺寸。

【例 1-2】　楼梯平面图的读图方法。

(a) 了解楼梯或楼梯间在房屋中的平面位置。如图 1-4 所示，楼梯间位于Ⓒ轴～Ⓓ轴×④轴～⑤轴。

(b) 熟悉楼梯段、楼梯井和休息平台的平面形式、位置、踏步的宽度和踏步的数量。本建筑楼梯为等分双跑楼梯，楼梯井宽 160 mm，梯段长 2 700 mm、宽 1 600 mm，平台宽 1 600 mm，每层 20 级踏步。

(c) 了解楼梯间处的墙、柱、门窗平面位置及尺寸。本建筑楼梯间处承重墙宽 240 mm，外墙宽 370 mm，外墙窗宽 3 240 mm。

(d) 看清楼梯的走向以及楼梯段起步的位置。楼梯的走向用箭头表示。

(e) 了解各层平台的标高。本建筑一、二、三层休息平台的标高分别为 1.5 m, 4.5 m, 7.5 m。

(f) 在楼梯平面图中了解楼梯剖面图的剖切位置。

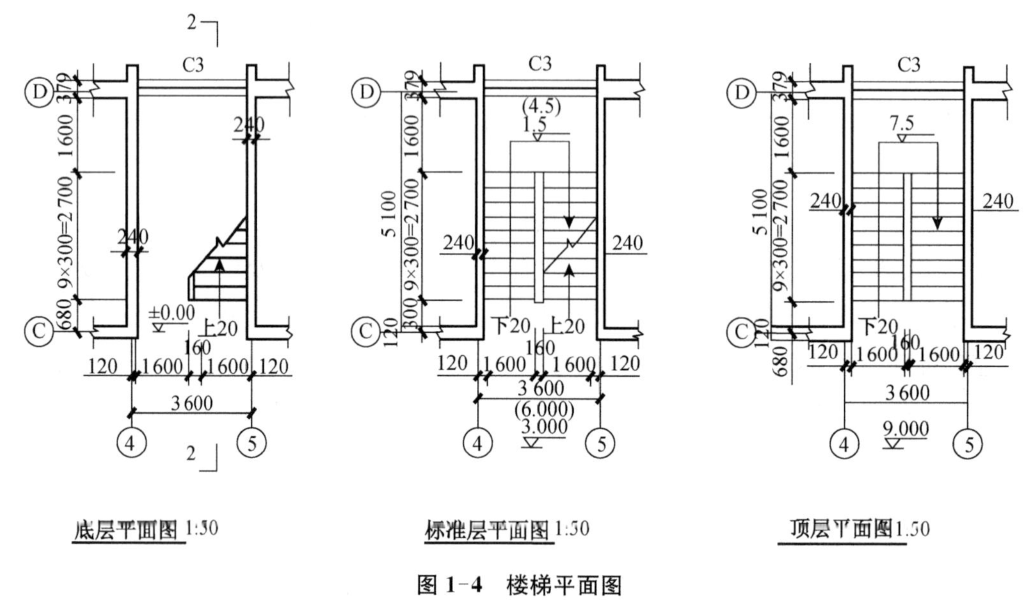

图 1-4 楼梯平面图

2) 楼梯剖面图

楼梯剖面图实际上是在建筑剖面图中楼梯间部分的局部放大图，如图 1-5 所示。

楼梯剖面图能清楚地注明各层楼(地)面的标高，楼梯段的高度、踏步的宽度和高度、级数及楼地面、楼梯平台、墙身、栏杆、栏板等的构造做法及其相对位置。

表示楼梯剖面图的剖切位置的剖切符号应在底层楼梯平面图中画出。剖切平面一般应通过第一跑，并位于能剖到门窗洞口的位置上，剖切后向未剖到的梯段进行投影。

在多层建筑中，若中间层楼梯完全相同时，楼梯剖面图可只画出底层、中间层、顶层的楼梯剖面，在中间层处用折断线符号分开，并在中间层的楼面和楼梯平台面上注写“适用于其他中间层楼面的标高”。若楼梯间的屋面构造做法没有特殊之处，一般不再画出。

在楼梯剖面图中，应标注楼梯间的进深尺寸及轴线编号，各梯段和栏杆、栏板的高度尺寸，楼地面的标高以及楼梯间外墙上门窗洞口的高度尺寸和标高。梯段的高度尺寸可用级数与踢面高度的乘积来表示，应注意的是级数与踏面数相差为 1，即踏面数＝级数－1。

【例 1-3】 楼梯剖面图的读图方法。

(a) 了解楼梯的构造形式。如图 1-5 所示，该楼梯为双跑楼梯，现浇钢筋混凝土制作。

(b) 熟悉楼梯在竖向和进深方向的有关标高、尺寸和详图索引符号。该楼梯为等跑楼梯，楼梯平台标高分别为 1.65 m，4.85 m，7.95 m 等。

(c) 了解楼梯段、平台、栏杆、扶手等相互间的连接构造。

(d) 明确踏步的宽度、高度及栏杆的高度。该楼梯踏步宽 280 mm，踢面高 155 mm，栏

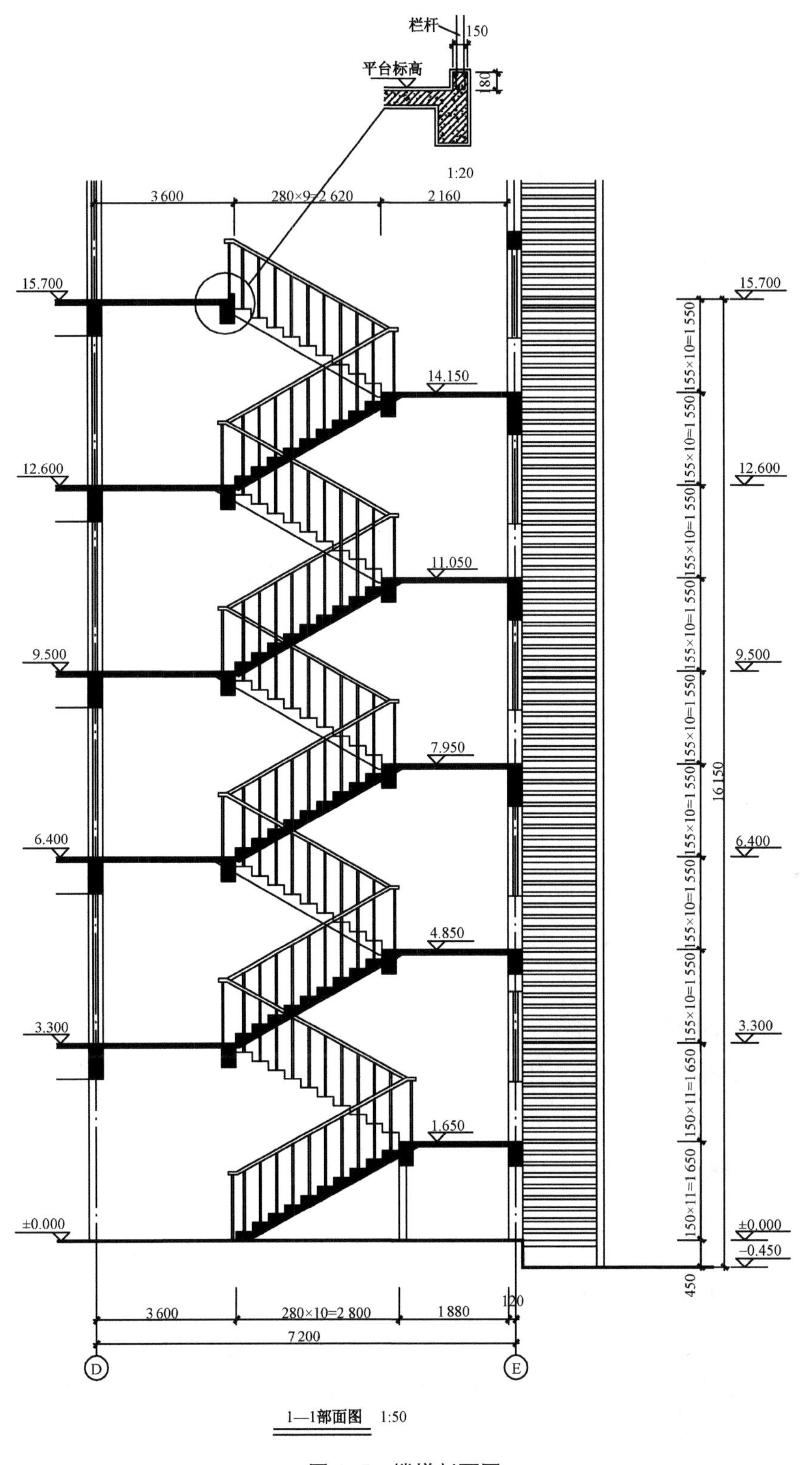
栏杆
150
平台标高
180
1:20
3 600
280×9=2 620
2 160
15.700
14.150
12.600
11.050
9.500
7.950
6.400
4.850
3.300
1.650
±0.000
-0.450
155×10=1 550
150×11=1 650
16150
450
280×10=2 800
1 880
120
7 200
D
E
1—1部面图 1:50

图 1-5 楼梯剖面图

杆的高度为 900 mm。

3. 楼梯节点详图

楼梯节点详图主要是指栏杆详图、扶手详图以及踏步详图。它们分别用索引符号与楼梯平面图或楼梯剖面图联系。踏步详图表明踏步的截面尺寸、大小、材料及面层的做法。栏板与扶手详图主要表明栏板及扶手的形式、大小、所用材料及其与踏步的连接等情况。

4. 其他详图

在建筑、结构设计中，对大量重复出现的构(配)件如门窗、台阶、面层做法等，通常采用标准设计，即由国家或地方编制的一般建筑常用的构(配)件详图，供设计人员选用，以减少不必要的重复劳动。在读图时要学会查阅这些标准图集。

1.5 实训成果评价

学生自评要点：评价自己是否能完成建筑施工图识读的学习，是否能完成附录中建筑施工图的识读并按时完成报告内容等实训成果资料，无任务遗漏。

教师评价要点：报告书写是否工整规范，报告内容数据是否来自于实训，是否真实合理、阐述较详细、认识体会较深刻、实验结果分析合理，是否起到了实训的作用。

1.6 思考题

(1) 读建筑施工图应注意哪些问题?

(2) 完成附录所给建筑施工图的识读。

(3) 投影法的分类有哪些?

(4) 建筑立面图如何命名?

(5) 建筑详图的基本内容是什么?

1.7 教学建议

教师在本节实训课结束时应进行反思：是否设计了探究性实训内容，让学生自己去分析、研究，从而获取知识培养技能；探究性实训的内容可以取自课本，也可以来源于生活。同时，教师是否引入反思，让学生学会总结归纳。在施工图识读技能实训教学中，很多学生学习起来较为被动，没有很好地将知识融会贯通。教师应该在每次实训结束后根据学生的学习状态进行反思调整，总结得失，提高实训教学水平。

任务 2　结构施工图识读

2.1　实训目标

(1) 掌握结构施工图的分类。

(2) 掌握结构施工图首页的构成及作用。

(3) 熟识结构施工图中常用的各种构件代号。

(4) 掌握结构施工图的形成、图示内容、读图方法。

2.2　学习重点与难点

学习重点:施工图中常用的构件代号,钢筋表示方法和标注方法。构件详图的图示内容和绘制方法。

学习难点:配筋图的图示方法,平法注写。

2.3　混凝土结构平法制图规则

混凝土结构施工图平面整体表示方法简称为平法,概括来讲,其表达形式是把结构构件的尺寸和配筋等按照平面整体表示方法制图规则整体直接表达在各类构件的结构平面布置图上,再与相应的"结构设计总说明"和梁、柱、墙等构件的"标准构造详图"相配合,构成一套完整的结构设计。改变了传统的将构件从结构平面图中索引出来,再逐个绘制配筋详图的繁琐方法。

平法的优点是图面简洁、清楚、直观性强,图纸数量少,在设计和施工人员中都很受欢迎。

为了保证按平法设计的结构施工图实现全国统一,建设部已将平法的制图规则纳入国家建筑标准设计图集——《混凝土结构施工图平面整体表示方法制图规则和构造详图(现浇混凝土框架、剪力墙、梁、板)》(16G101-1)。

2.3.1 柱平法施工图制图规则

柱平法施工图有列表注写和截面注写两种方式。柱在不同标准层截面多次变化时，可用列表注写方式，否则宜用截面注写方式。

1. 截面注写方式

在分标准层绘制的柱平面布置图的柱截面上，分别在不同编号的柱中各选择一个截面，直接注写截面尺寸和配筋数值。下面简单说明其表达方法：

(1) 在柱定位图中，按一定比例放大绘制柱截面配筋图，在其编号后再注写截面尺寸(按不同形状标注所需数值)、角筋、中部纵筋及箍筋。

(2) 柱的竖筋数量及箍筋形式直接画在大样图上，并集中标注在大样旁边。

(3) 当柱纵筋采用同一直径时，可标注全部钢筋；当纵筋采用两种直径时，需将角筋和各边中部筋的具体数值分开标注；当柱采用对称配筋时，可仅在一侧注写腹筋。

(4) 必要时，可在一个柱平面布置图上用小括号“( )”和尖括号“〈 〉”区分和表达各不同标准层的注写数值。

2. 列表注写方式

在柱平面布置图上，分别在同一编号的柱中选择一个或几个截面标注几何参数代号(反映截面对轴线的偏心情况)，用简明的柱表注写柱号、柱段起止标高、几何尺寸(含截面对轴线的偏心情况)与配筋数值，并配以各种柱截面形状及箍筋类型图。柱表中自柱根部(基础顶面标高)往上以变截面位置或配筋改变处为界分段注写。

2.3.2 梁平法施工图制图规则

平面注写方式是指在梁的平面布置图上，分别在不同编号的梁中各选出 1 根，在其上注写截面尺寸和配筋具体数量的方式来表达梁平面整体配筋，如图 2-1 所示。平面注写包括集中标注与原位标注，集中标注表达梁的通用数值，原位标注表达梁的特殊数值。当集中标注的数值不适用于梁的某部位时，则将该项数值原位标注，施工时，原位标注优先取值。

1. 梁集中标注的内容

梁的编号、截面尺寸、梁的箍筋、梁的上部通长筋或架立筋配置、梁侧面纵向构造钢筋或受扭钢筋配置、梁顶面标高相对于该结构楼面标高的高差值。其中，前五项是必注值，最后一项是选注值。

1) 梁的编号

梁的编号有梁的类型代号、序号、跨数及有无悬挑代号几项组成(表 2-1)。

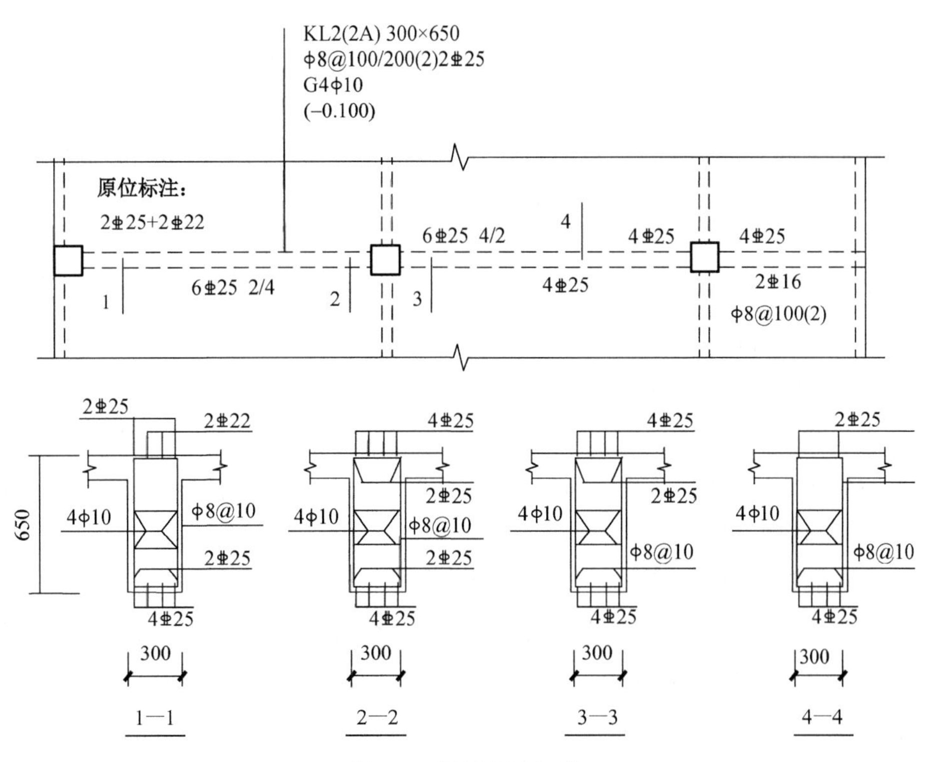

图 2-1　梁的平法标注

表 2-1　　**梁编号**

梁类型	代号	序号	跨数及是否带有悬挑
楼层框架梁	KL	xx	(xx),(xxA)或(xxB)
屋面框架梁	WKL	xx	(xx),(xxA)或(xxB)
框支梁	KZL	xx	(xx),(xxA)或(xxB)
非框架梁	L	xx	(xx),(xxA)或(xxB)
悬挑梁	XL	xx	
井字梁	JZL	xx	(xx),(xxA)或(xxB)

【例 2-1】

KL7(5A)表示第 7 号框架梁,5 跨,一端有悬挑;

L9(7B)表示第 9 号非框架梁,7 跨,两端有悬挑。

2) 梁截面尺寸表示

等截面梁:$b \times h$

加腋梁:$b \times h$;$Yc_1 \times c_2$ 其中,c_1 表示腋长,c_2 表示腋高。

不等高悬挑梁:$b \times h_1/h_2$ 其中,h_1 表示根部值,h_2 表示端部值。

3）梁箍筋

梁箍筋需要标注其钢筋级别、直径、加密区与非加密区间距和箍筋肢数。

梁箍筋加密区与非加密区不同间距及肢数用斜线“/”分隔。

当梁箍筋为同一种间距及肢数时，则不用分隔；当加密区与非加密区的箍筋肢数相同时，则肢数注写一次。箍筋肢数应写在括号内。

【例 2-2】

ϕ10@100/200(4)，表示箍筋为Ⅰ级钢筋，采用四肢箍，直径为 10 mm，加密区间距为 100 mm，非加密区间距为 200 mm。

4）梁上部通长筋或架立筋

当同排纵筋既有通长筋又有架立筋时，应用“＋”将通长筋和架立筋相连。

注写时应将角部纵筋写在“＋”前面，架立筋写在“＋”后面的括号内，以此来区别不同直径的架立筋和通长筋。

如果梁上部钢筋均为架立筋时，则写入括号内。

当梁上部纵筋和下部纵筋均为通长筋，并且大多数跨配筋相同时，梁上部钢筋标注项里则加注下部纵筋的配筋值，并用“；”将上部和下部通长筋的配筋值分隔开。

【例 2-3】

2Φ22＋(4ϕ12)用于六肢箍。其中 2Φ22 为通长筋，4ϕ12 为架立筋。

3Φ22；3Φ20 表示梁的上部配置 3Φ22 的通长筋，梁的下部配置 3Φ20 的通长筋。

5）梁侧面纵向构造钢筋或受扭钢筋配置

当梁腹板高度 $h_w \geqslant 450$ mm 时，在梁的两个侧面应沿高度配置纵向构造钢筋，标注值第一项为大写字母 G，后面注写设置在梁两侧的总配筋值且对称配置。

【例 2-4】

G4ϕ12，表示梁的两个侧面共配置 4ϕ12 的纵向构造钢筋，每侧各配置 2ϕ12。

当梁侧面需要设置受扭纵向钢筋时，标注值第一项为大写字母 N，后面注写配置在梁两侧的总配筋且对称配置。

【例 2-5】

N6Φ22，表示梁的两个侧面共配置 6Φ22 的受扭纵向钢筋，每侧各配置 3Φ22。

6）梁顶面标高高差

指相对于结构层楼面标高的高差值。对于结构夹层的梁，则指相对于结构夹层楼面标高的高差。

有高差时，将此项高差值标注在括号内，没有高差时则不标注。

当梁顶面高于结构层的楼面标高时，标高高差为正值，反之为负值。

【例 2-6】

某结构层的楼面标高为 44.950 m，当某梁的梁顶面标高高差注写为(－0.050)时，即表明该梁顶面的标高为 44.900 m。

【例 2-7】 案例分析

梁的原位标注与集中标注如图 2-2 所示。

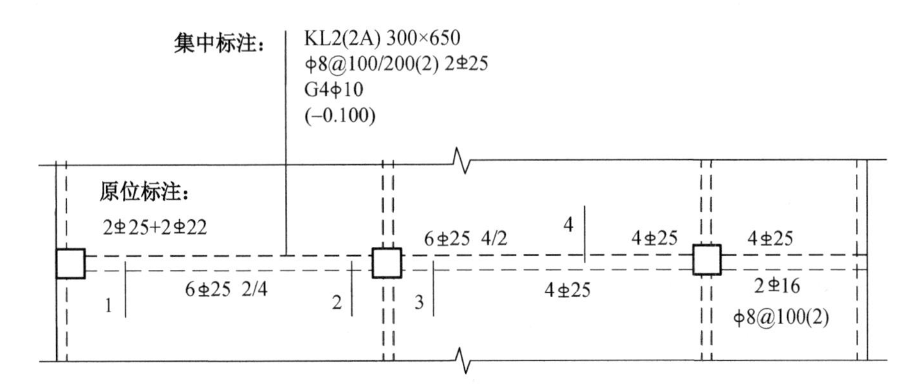

图 2-2 梁的原位标注与集中标注

2. 梁原位标注的内容

1）梁支座上部纵筋

梁支座上部纵筋指该部位含通长筋在内的所有纵筋，标注在梁上方该支座处。当上部纵筋多于一排时，用斜线“/”将各排纵筋自上而下分开。当同排纵筋有两种直径时，用加号“＋”将两种直径的纵筋相连，角部纵筋写在前面。当梁中间支座两边的上部纵筋不同时，须在支座两边分别标注；当梁中间支座两边的上部纵筋相同时，可仅在支座的一边标注配筋值，另一边省去不注。

【例 2-8】

梁支座上部纵筋注写为 6⏀25 4/2，则表示上一排纵筋为 4⏀25，下一排纵筋为 2⏀25。

2）梁下部纵筋

当下部纵筋多于一排时，用斜线“/”将各排纵筋自上而下分开；当同排纵筋有两种直径时，用加号“＋”将两种直径的纵筋相连，注写时角筋写在前面；当梁下部纵筋不全伸入支座时，将梁支座下部纵筋减少的数量写在括号内。

【例 2-9】

(1) 梁下部纵筋注写为 6⏀25 2/4，则表示上排纵筋为 2⏀25，下一排纵筋为 4⏀25，全部伸入支座。

(2) 梁下部纵筋注写为 6⏀25 2(－2)/4，则表示上排纵筋为 2⏀25，且不伸入支座；下一排纵筋为 4⏀25，全部伸入支座。

(3) 梁下部纵筋注写为 2⏀25＋3⏀22(－3)/5⏀25，则表示上排纵筋为 2⏀25 和 3⏀22，其中 3⏀22 不伸入支座；下一排纵筋为 5⏀25，全部伸入支座。

3）标注说明

当在梁上集中标注的内容(即截面尺寸、箍筋、上部通长筋或架立筋，梁侧面纵向构造钢筋或受扭纵向钢筋，以及梁顶面标高高差中的某一项或几项数值)不适用于某跨或某悬挑部分时，则将其不同数值原位标注在该跨或该悬挑部位，施工时按原位标注数值取用。

2.4 结构施工图识读内容

2.4.1 结构施工图概述

1. 结构施工图的内容和用途

内容：表达房屋承重构件(如基础、梁、板、柱及其他构件)的布置、形状、大小、材料、构造及其相互关系的图样。一般由基础图、上部结构布置图和结构详图等组成。

作用：作为施工放线、开挖基槽、支模板、绑扎钢筋、设置预埋件、浇捣混凝土和安装梁、板、柱等构件及编制预算和施工组织计划等的依据。

结构施工图一般有基础图、上部结构的布置图和结构详图等。

2. 钢筋混凝土结构的基本知识和图示方法

混凝土：水、水泥、砂、石子按一定比例配合搅拌而成。

钢筋混凝土：由混凝土和钢筋两种材料构成整体的构件。

预应力钢筋混凝土构件：在制作时通过张拉钢筋对混凝土预加一定的压力，以提高构件的抗拉和抗裂性能。

3. 常用构件代号

常用构件代号用各构件名称的汉语拼音的第一个字母表示，如表 2-2 所示。

表 2-2 常用构件代号

序号	名称	代号	序号	名称	代号	序号	名称	代号
1	板	B	11	圈梁	QL	21	承台	CT
2	屋面板	WB	12	过梁	GL	22	设备基础	SJ
3	空心板	KB	13	连系梁	LL	23	桩	ZH
4	槽形板	CB	14	基础梁	JL	24	挡土墙	DQ
5	折板	ZB	15	楼梯梁	TL	25	地沟	DG
6	密肋板	MB	16	框架梁	KL	26	柱间支撑	ZC
7	楼梯板	TB	17	框支梁	KZL	27	垂直支撑	CC
8	盖板	GB	18	屋面框架梁	WKL	28	水平支撑	SC
9	挡雨板	YB	19	檩条	LT	29	梯	T
10	吊车安全道板	DB	20	屋架	WJ	30	雨篷	YP

2.4.2 基础图

基础是建筑物地面以下承受房屋全部荷载的构件，基础的形式取决于上部承重结构的形式和地基情况。在民用建筑中，常见的形式有条形基础和独立基础。

1. 基础平面图

1）基础平面图

基础平面图是假想用一个水平面沿房屋底层室内地面附近将整幢建筑物剖开后，移去上层的房屋和基础周围的泥土向下投影所得到的水平剖面图。

2）基础平面图的图示内容和要求

基础平面图中，只画出基础墙、柱及基础底面的轮廓线，基础的细部轮廓（如大放脚）可省略不画。凡被剖切到的基础墙、柱轮廓线，应画成粗实线，基础底面的轮廓线应画成中实线。基础平面图中采用的比例及材料图例与建筑平面图相同。基础平面图应注出与建筑平面图相一致的定位轴线编号和轴线尺寸。当基础墙上留有管洞时，应用虚线表示其位置，具体做法及尺寸另用详图表示。当基础中设基础梁和地圈梁时，用粗单点长划线表示其中心线的位置。

3）基础平面图的尺寸标注

基础平面图的尺寸标注分内部尺寸和外部尺寸两部分。外部尺寸只标注定位轴线的间距和总尺寸。内部尺寸应标注各道墙的厚度、柱的断面尺寸和基础底面的宽度等。平面图中的轴线编号、轴线尺寸均应与建筑平面图相吻合。

4）剖切符号

凡基础宽度、墙厚、大放脚、基底标高、管沟做法不同时，均以不同的断面图表示，所以在基础平面图中还应注出各断面图的剖切符号及编号，以便对照查阅。

5）基础平面图的主要内容

（1）图名、比例；

（2）纵横向定位轴线及编号；

（3）基础墙、柱的平面布置，基础底面形状、大小及其与轴线的关系；

（4）基础梁的位置、代号；

（5）基础编号、基础断面图的剖切位置线及其编号；

（6）轴线尺寸、基础大小尺寸和定位尺寸；

（7）施工说明；

（8）当基础底面标高有变化时，应在基础平面图对应部位的附近画出一段基础垫层的垂直剖面图，表示基底标高的变化，并标出基底的标高。

2. 基础详图

1）基础详图

在基础的某一处用垂直的剖切平面切开基础所得到的断面图称为基础详图。常用

1∶10，1∶20，1∶50 的比例绘制。基础详图表示基础的断面形状、大小、材料、构造、埋深及主要部位的标高等。同一幢房屋，由于各处有不同的荷载和不同的地基承载力，建筑就有不同的基础。对于每一种不同的基础，都要画出它的断面图，并在基础平面图上用 1—1，2—2，3—3……剖切位置线表明该断面的位置。

2）基础详图的要求

基础断面形状的细部构造按正投影法绘制。基础断面除钢筋混凝土材料外，其他材料宜画出材料图例符号。钢筋混凝土独立基础除画出基础的断面图外，有时还要画出基础的平面图，并在平面图中采用局部剖面表达底板配筋。基础详图的轮廓线用中实线表示，钢筋符号用粗实线绘制。从基础圈梁顶面设构造柱。当条形基础的宽度小于 900 mm 时，都可采用素混凝土基础。柱下钢筋混凝土独立基础插筋在基础高度范围内至少布置两道箍筋。

3）尺寸标注

在基础详图中应标注出基础各部分的详细尺寸、钢筋尺寸、室内外地面标高、基础垫层底面标高等。

4）基础详图的主要内容

（1）图名、比例；

（2）基础断面图中轴线及其编号；

（3）基础断面形状、大小、材料以及配筋；

（4）基础梁的高度、宽度及配筋；

（5）基础断面的详细尺寸和室内外地面标高、基础垫层底面的标高；

（6）防潮层的位置和做法；

（7）施工说明等。

2.4.3 结构平面图

结构平面图是表示建筑物室外地面以上各层平面承重构件（如梁、板、柱、墙、门窗过梁、圈梁等）布置的图样，它是施工时布置或安放承重构件的依据。一般包括楼层结构平面图和屋顶结构平面图。

1. 楼层结构平面图

1）楼层结构平面图的形成

楼层结构平面图是假想用一个水平的剖切平面沿楼板面将房屋剖开后所做的楼层水平投影。它是用来表示每层梁、板、柱、墙等承重构件的平面布置，说明各构件在房屋中的位置以及它们之间的构造关系，是现场安装或制作构件的施工依据。

2）图示内容和要求

对于多层建筑，一般应分层绘制楼层结构平面图。但如各层构件的类型、大小、数量、布置相同时，可只画出标准层的楼层结构平面图。

如平面对称，可采用对称画法，一半画屋顶结构平面图，另一半画楼层结构平面图。楼梯间和电梯间因另有详图，可在平面图上用相交对角线表示。当铺设预制楼板时，可用细实线分块画出板的铺设方向。当现浇板配筋简单时，直接在结构平面图中表明钢筋的弯曲及配置情况，注明编号、规格、直径、间距。当配筋复杂或不便表示时，用对角线表示现浇板的范围，另画详图。

梁一般用单点粗点划线表示其中心位置，并注明梁的代号。圈梁、门窗过梁等应注出编号，若结构平面图中不能表达清楚时，则需另绘其平面布置图。

楼层、屋顶结构平面图的比例同建筑平面图，一般采用 1∶100 或 1∶200 的比例绘制。楼层、屋顶结构平面图中一般用中实线表示剖切到或可见的构件轮廓线，图中虚线表示不可见构件的轮廓线，为了画图方便，习惯上也可把楼板下不可见的墙身线和门窗洞位置线改画成细实线。

楼层结构平面图的尺寸，一般只注开间、进深、总尺寸及个别容易弄错的地方的尺寸。定位轴线的画法、尺寸及编号应与建筑平面图一致。注明各种梁、板的结构底面标高，可以注写在构件代号后的括号内，也可以用文字做统一说明。

2. 屋顶结构平面图

屋顶结构平面图是表示屋面承重构件平面布置的图样，其图示内容和表达方法与楼层结构平面图基本相同。对于混合结构的房屋，根据抗震和整体刚度的需要，应在适当位置设置圈梁。圈梁用粗实线表示，并在适当位置画出断面的剖切符号，以便与圈梁断面图对照阅读。圈梁平面图的比例可小些（1∶200），图中要求注出定位轴线间的距离尺寸。

3. 结构平面图的主要内容

（1）图名、比例；

（2）与建筑平面图相一致的定位轴线及编号；

（3）墙、柱、梁、板等构件的位置及代号和编号；

（4）预制板的跨度方向、数量、型号或编号和预留洞的大小及位置；

（5）轴线尺寸及构件的定位尺寸；

（6）详图索引符号及剖切符号；

（7）施工说明等。

2.4.4 构件详图

1. 钢筋混凝土构件

用钢筋混凝土制成的梁、板、柱、基础等构件称为钢筋混凝土构件，它分定型构件和非定型构件两种。定型构件可直接引用标准图或通用图，只要在图纸上写明选用构件所在标准图集或通用图集的名称、代号即可。自行设计的非定型构件，则必须绘制其构件详图。

2. 钢筋混凝土构件详图种类及表示方法

1）钢筋混凝土构件详图种类

模板图：也称外形图，主要表明钢筋混凝土构件的外形，预埋铁件、预留钢筋、预留孔洞的位置，各部位尺寸和标高、构件以及定位轴线的位置关系等。

配筋图：包括立面图、断面图和钢筋详图，主要表示构件内部各种钢筋的位置、直径、形状和数量等。

钢筋表：为便于编制预算，统计钢筋用料，对配筋较复杂的钢筋混凝土构件应列出钢筋表，以计算钢筋用量。

2）钢筋混凝土构件详图表示方法

采用正投影并视构件混凝土为透明体，以重点表示钢筋的配置情况。

断面图的数量应根据钢筋的配置而定，凡是钢筋排列有变化的地方，都应画出其断面图。

为防止混淆，方便看图，构件中的钢筋都要统一编号，在立面图和断面图中要注出一致的钢筋编号、直径、数量、间距等。

单根钢筋详图按由上而下，用同一比例排列在梁立面图的下方，与之对齐。

3. 钢筋混凝土构件详图的内容

（1）构件名称或代号、比例；

（2）构件的定位轴线及其编号；

（3）构件的形状、尺寸和预埋件代号及布置；

（4）构件内部钢筋的布置；

（5）构件的外形尺寸、钢筋规格、构造尺寸以及构件底面标高；

（6）施工说明等。

4. 钢筋混凝土构件详图的识读

1）钢筋混凝土梁

梁是房屋结构中的主要承重构件，常见的有过梁、圈梁、楼板梁、框架梁、楼梯梁、雨篷梁等。梁的结构详图由立面图和断面图组成。

2）钢筋混凝土板

钢筋混凝土板分现浇和预制两种。钢筋混凝土板详图一般由平面图和节点断面图组成。平面图主要表示钢筋混凝土板的形状和板中钢筋的布置、定位轴线及尺寸、断面图的剖切位置等。

3）钢筋混凝土柱

钢筋混凝土柱构件详图与钢筋混凝土梁基本相同，对于比较复杂的钢筋混凝土柱，除画出构件的立面图和断面图外，还需画出模板图。

4）构造柱与墙体、构造柱与圈梁连接详图

构造柱与墙体连接处沿墙高每隔 500 mm 设 2Φ6 拉结筋，每边伸入墙内不宜小于 1 000 mm。构造柱与墙体连接处墙体宜砌成马牙槎。构造柱钢筋应锚固于圈梁内。

2.5 实训成果评价

学生自评要点：评价自己是否能完成结构施工图识读的学习，是否能完成附录结构图的识读和按时完成报告内容等实训成果资料，无任务遗漏，对于重难点内容平法表示是否能理解掌握，是否能通过平法图画出截面钢筋布置。

教师评价要点：学生实训过程表现如何，报告书写是否工整规范，通过报告内容学生对于实训的内容是否已经掌握，能否做到举一反三。

2.6 思考题

（1）结构详图的图示方法是什么？

（2）基础平面图的尺寸标注分为哪几个部分？

（3）基础图包括哪几种？

（4）简述钢筋的画法。

（5）结构施工图的内容包括哪些？

2.7 教学建议

教师在本节实训课结束时应进行反思，是否设计探究性实训内容，让学生自己去分析、研究，从而获取知识培养技能。同时，教师是否引入反思，让学生学会总结归纳。在施工图识读技能实训教学中，相对比较枯燥，教师是否能够解决这一问题，带动学生的学习积极性，让学生更好地参与课堂。

任务3　技术交底

3.1　实训目标

（1）掌握技术交底的定义。
（2）掌握技术交底的种类。
（3）掌握技术交底的编制内容及注意事项。
（4）熟识技术交底的流程。

3.2　学习重点与难点

学习重点：技术交底的种类、特点以及交底存在的问题，交底的一般流程。
学习难点：明确交底部位和其接受对象，明确本次实训需要进行哪些方面的交底。

3.3　技术交底的分类

技术交底按工程进度和参与主体单位，分为设计技术交底和施工技术交底。

3.3.1　设计技术交底

设计技术交底指在施工图完成并经审查合格后，设计单位在设计文件交付施工时，按法律规定的义务就施工图设计文件向施工单位和监理单位做出详细的说明，主要交代建筑物的功能与特点、设计意图与施工过程控制要求等。其目的是使施工单位和监理单位正确贯彻设计意图，加深对设计文件特点、难点、疑点的理解，掌握关键工程部位的质量要求，确保工程质量。

1．设计技术交底的参与单位

设计技术交底一般由建设单位主持，由设计单位向各施工单位（土建施工单位与各设备专业施工单位）、监理单位以及建设单位进行交底，参与的单位和人员有：

(1) 工程勘查单位,含项目的负责人。

(2) 设计单位,含单位技术负责人、项目的各项专业设计人员。

(3) 各施工单位,含单位技术负责人、项目的项目经理和技术负责人。

(4) 监理单位,含单位技术负责人、项目的总监。

(5) 建设单位相关人员,含项目部技术员、项目责任人、工程处室、技术处、质安处、总工办和主管领导等。

(6) 质监站、安监站等相关人员。

2. 设计技术交底的一般流程

(1) 主持人讲话,对技术交底的目的和内容进行简要介绍。

(2) 工程勘察单位按主持人的要求,就工程勘察简要进行介绍。

(3) 设计单位按主持人的要求,就设计文件简要进行介绍。

(4) 施工单位提出设计文件中的各种技术问题及解决建议。

(5) 监理单位提出设计文件中的各种技术问题及解决建议。

(6) 建设单位项目部和相关处室提出设计文件中的各种技术问题及解决建议。

(7) 质监站提出设计文件中的各种技术问题及解决建议。

(8) 安监站提出设计文件中的各种技术问题及解决建议。

(9) 设计单位就各相关单位提出的设计中的各种技术问题及解决建议进行全面答复。

(10) 建设单位总工办对设计院需要建设单位明确的有关技术问题进行答复或提出解决方案。

(11) 建设单位领导做指示。

(12) 主持人总结。

3. 设计技术交底的主要内容

设计技术交底主要交代建筑物的功能与特点、设计意图与施工过程控制要求等。交底时应做好详细记录并形成会议纪要。各项技术交底记录及会议纪要是工程技术档案资料中不可缺少的部分。交底的主要内容有:

(1) 施工现场的自然条件、工程地质及水文地质条件等。

(2) 设计主导思想、建设要求与构思、使用的规范。

(3) 设计抗震设防烈度的确定。

(4) 基础设计、主体结构设计、装修设计、设备设计(设备选型)等。

(5) 对基础、结构及装修施工的要求。

(6) 对建材的要求,对使用新材料、新技术、新工艺的要求。

(7) 施工中应特别注意的事项等。

(8) 设计单位对监理单位和承包单位提出的施工图纸中的问题的答复。

3.3.2 施工技术交底

施工技术交底一般是在建筑施工企业内部进行，是在某一单位工程开工前或一个分项工程施工前，在管理单位专业工程师的指导下，由相关专业技术人员向参与施工的人员进行技术交底。其目的是使施工人员对工程特点、技术质量要求、施工方法与措施和安全等方面有较详细的了解，以便于科学地组织施工，避免技术质量等事故的发生。交底主要介绍施工中遇到的问题和经常性犯错误的部位，要使施工人员明白该怎么做，规范上是如何规定的等。主要内容有：

(1) 施工范围、工程量、工作量和实验方法要求。

(2) 施工图纸的解说。

(3) 施工方案措施。

(4) 操作工艺和保证质量安全的措施。

(5) 工艺质量标准和评定办法。

(6) 技术检验和检查验收要求。

(7) 增产节约指标和措施。

(8) 技术记录内容和要求。

(9) 其他施工注意事项。

施工技术交底记录也是工程技术档案资料中的重要内容。

3.4 技术交底的编写

3.4.1 技术交底的特点

1. 技术交底的时效性

交底具有指导性，现场施工是以交底内容为依据进行施工。无技术交底，工人就无法进行施工，进而影响到施工进度。交底必须及时、准确地传送到施工班组手中，不能因施工技术交底滞后而影响施工进度。

2. 技术交底的准确性、简单性、可操作性

交底人在进行交底时，必须熟悉图纸，认真掌握施工工艺及把握施工过程中容易出现问题的环节。在进行交底时，要把所有这些内容体现在技术交底上。技术交底的编制，必须体现简易性、易懂性。在交底时，不能只是简单地照抄规范和复印图纸，要善于把复杂的设计图纸转化成工人能够接受的、可操作性的东西。技术员用自己的技术语言表达出交底内容，让工人能够一看就懂。比如，有的技术员在下发凿桩头技术交底时，写到“按图纸凿到设计标高”，承台锚固钢筋的深度只写“按照施工图纸要求进行埋深”——这是一种官僚交底，没有可操作性，工人拿到这样的技术交底，往往一头雾水，不知该怎么做。对此类交底，最好能直接明了地写从什么位置，下返多少，锚固钢筋埋深多少米，具体技术交底到位，一看就能操作。

3. 技术交底的可追溯性

技术交底具有追溯性，所以在技术交底下发时，必须注明技术交底内容、技术交底时间、技术交底附件、技术交底数量、编制人、复核人、签收人等一系列内容。让别人在拿到一份技术交底时，能够一目了然。技术交底设专人管理，汇编流水号，在以后的调查及检查中，能够及时翻阅。

3.4.2 施工技术交底的编写原则

(1) 所写的内容必须针对工程实际，不可以不顾工程实际而照抄规范、标准和规定。

(2) 所写内容必须实事求是、切实可行，对规范、标准和规定，不能因施工人员素质不高而降低要求。

(3) 交底内容，必须重点突出、全面具体，确保达到指导施工的目的。

(4) 交底工作必须在开始施工以前进行，不能后补。

(5) 编写的程序和内容应力求科学化、标准化，凡是能用图表表示的，一律不用文字和叙述。

3.4.3 施工技术交底的编制内容

(1) 工程概况，是指每个编写项目中，各项工程的名称、部位、数量规格、型号和设计要求等综合交底。宜用表格形式编写，除表格以外如有需要说明的内容，可适当增加一部分文字叙述，但必须简明扼要。

(2) 质量要求，包括设计的特殊要求和有关规范、标准的规定，既包括工程质量标准又包括材料质量标准。

3.4.4 施工技术交底的编写注意事项

(1) 技术交底的编写应在施工组织设计或施工方案编制以后进行。将施工组织设计或施工方案中的有关内容纳入施工技术交底中。

(2) 技术交底的编写应集思广益，综合多方面意见，提高质量，保证可行，便于实施。

(3) 叙述内容，应尽可能使用肯定语以便检查与实施。

(4) 凡是本工程或本项技术交底中没有或不包括的内容，一律不得照抄规范和规定。

(5) 文词要简练、准确，不能有误。字迹要清晰，交接手续要健全。

(6) 交底需要补充或变更时应编写补充或变更交底。

施工技术交底的编写项目，多数以分项工程的部位按工种划分，造成项目过多，内容重复，工作量大。如果将各分项工程按工种划分归类进行编写，这些弊病可以避免。按工种划分归类实际上就是按操作分工划分，这样做的优点是：可以使参与施工的所有人员比较系统地了解和掌握整个工程的全部情况，有助于统筹管理和全员、全过程进行的管理，避免重复，减少篇幅，有助于原始资料标准化的实现。

3.5 实训成果评价

学生自评要点：评价自己是否能理解设计技术交底的全过程，是否能掌握设计技术交底的编制内容及注意事项并按时完成报告内容等实训成果资料，无任务遗漏。

教师评价要点：报告书写是否工整规范，报告内容数据是否来自于实训，真实合理，阐述较详细，认识体会较深刻。

3.6 思考题

（1）交底是什么？

（2）简述技术交底的目的。

（3）技术交底一般包括哪几种？

（4）简述设计技术交底的程序。

（5）简述设计技术交底的内容。

（6）简述施工技术交底的编写注意事项。

3.7 教学建议

该实训课作为一种活动类的综合课程，它与其他各学科课程领域有本质的区别，它是一种以学生的自身实践为主的课程，是学科课程与知识类综合课程的一种补充形态。要教好每一节课，首先应从教育观念上更新，采取更适合学生发挥主体性的教学模式，除了让学生敢想敢问敢于表达自己的真情实感外，还应使学生感到教师与学生平等相处，与学生一起相互探索、相互研究，老师不能要求太高，要给学生发表意见的机会，老师不要面面俱到，要让学生去探索，老师适时点拨和启发。只有这样，学生对知识才能牢固地掌握。

单元 2

工程量计算及工程预算

单元概述

施工图预算即单位工程预算书，是在施工图设计完成后，按照国家或省市颁发的现行预算定额、费用标准、材料预算价格等有关规定，进行逐项计算工程量、套用相应定额、进行工料分析、计算分部分项工程费、措施项目费、其他项目规费、税金等费用，确定单位工程造价的技术经济文件。施工图预算可作为建设单位招标的“标底”，也可以作为建筑施工企业投标时“报价”的参考，对建设单位和施工单位有重要意义。

实训目标

读懂国家标准《建筑工程建筑面积计算规范》(GB/T 50353—2013)的内容，并熟练掌握计算方法。读懂《房屋建筑与装饰工程工程量计算规范》(GB 50854—2013)和《上海市建筑和装饰工程预算定额》(2000)各章说明，熟悉《上海市建筑和装饰工程预算定额》(2016)各分部分项工程工程量计算规则及定额应用。能够看懂施工图纸并根据《房屋建筑与装饰工程工程量计算规范》(GB 50854—2013)编制预算文件。掌握工程算量软件的基本操作，掌握工程计价软件的基本操作。

教学重点

建筑面积、土石方工程、砌筑工程和混凝土工程等的工程量清单编制及定额计算。利用工程量计算软件建模并计算汇总混凝土工程和砌筑工程量。

教学建议

本单元实训项目建议采用课内实训与集中实训相结合的教学方式。集中实训为40 课时，课内实训时间由任课老师自行安排。实训按小组进行，每组 6～8 人，其中选出1 名组长，负责管理小组成员、分配任务、掌握实训时间进度。指导老师仅提供引导性意见，使学生能够独立完成实训任务。

任务4　建筑面积计算

4.1　实训目标

（1）掌握多层砌体结构的建筑面积计算规则。
（2）能计算多层砌体结构的建筑面积。
（3）培养学生吃苦耐劳的精神、团结协作的能力。

4.2　学习重点与难点

学习重点：多层建筑的建筑面积计算。
学习难点：多层建筑的建筑面积计算。

4.3　建筑面积计算规则

建筑物的建筑面积应按自然层外墙结构外围水平面积之和计算。结构层高在 2.20 m 及以上的，应计算全面积；结构层高在 2.20 m 以下的，应计算 1/2 面积。

建筑物内设有局部楼层时，对于局部楼层的二层及以上楼层，有围护结构的应按其围护结构外围水平面积计算，无围护结构的应按其结构底板水平面积计算，且结构层高在 2.20 m及以上的，应计算全面积，结构层高在 2.20 m 以下的，应计算 1/2 面积。

对于形成建筑空间的坡屋顶，结构净高在 2.10 m 及以上的部位应计算全面积；结构净高在 1.20 m 及以上至 2.10 m 以下的部位应计算 1/2 面积；结构净高在 1.20 m 以下的部位不应计算建筑面积。

对于场馆看台下的建筑空间，结构净高在 2.10 m 及以上的部位应计算全面积；结构净高在 1.20 m 及以上至 2.10 m 以下的部位应计算 1/2 面积；结构净高在 1.20 m 以下的部位不应计算建筑面积。室内单独设置的有围护设施的悬挑看台，应按看台结构底板水平投影面积计算建筑面积。有顶盖无围护结构的场馆看台应按其顶盖水平投影面积的 1/2 计算面积。

地下室、半地下室应按其结构外围水平面积计算。结构层高在 2.20 m 及以上的，应计算全面积；结构层高在 2.20 m 以下的，应计算 1/2 面积。

出入口外墙外侧坡道有顶盖的部位，应按其外墙结构外围水平面积的 1/2 计算面积。

建筑物架空层及坡地建筑物吊脚架空层，应按其顶板水平投影计算建筑面积。结构层高在 2.20 m 及以上的，应计算全面积；结构层高在 2.20 m 以下的，应计算 1/2 面积。

建筑物的门厅、大厅应按一层计算建筑面积，门厅、大厅内设置的走廊应按走廊结构底板水平投影面积计算建筑面积。结构层高在 2.20 m 及以上的，应计算全面积；结构层高在 2.20 m 以下的，应计算 1/2 面积。

对于建筑物间的架空走廊，有顶盖和围护设施的，应按其围护结构外围水平面积计算全面积；无围护结构、有围护设施的，应按其结构底板水平投影面积计算 1/2 面积。

对于立体书库、立体仓库、立体车库，有围护结构的，应按其围护结构外围水平面积计算建筑面积；无围护结构、有围护设施的，应按其结构底板水平投影面积计算建筑面积。无结构层的应按一层计算，有结构层的应按其结构层面积分别计算。结构层高在 2.20 m 及以上的，应计算全面积；结构层高在 2.20 m 以下的，应计算 1/2 面积。

有围护结构的舞台灯光控制室，应按其围护结构外围水平面积计算。结构层高在 2.20 m及以上的，应计算全面积；结构层高在 2.20 m 以下的，应计算 1/2 面积。

附属在建筑物外墙的落地橱窗，应按其围护结构外围水平面积计算。结构层高在 2.20 m及以上的，应计算全面积；结构层高在 2.20 m 以下的，应计算 1/2 面积。

窗台与室内楼地面高差在 0.45 m 以下且结构净高在 2.10 m 及以上的凸(飘)窗，应按其围护结构外围水平面积计算 1/2 面积。

有围护设施的室外走廊(挑廊)，应按其结构底板水平投影面积计算 1/2 面积；有围护设施(或柱)的檐廊，应按其围护设施(或柱)外围水平面积计算 1/2 面积。

门斗应按其围护结构外围水平面积计算建筑面积，且结构层高在 2.20 m 及以上的，应计算全面积；结构层高在 2.20 m 以下的，应计算 1/2 面积。

门廊应按其顶板的水平投影面积的 1/2 计算建筑面积；有柱雨篷应按其结构板水平投影面积的 1/2 计算建筑面积；无柱雨篷的结构外边线至外墙结构外边线的宽度在 2.10 m 及以上的，应按雨篷结构板的水平投影面积的 1/2 计算建筑面积。

设在建筑物顶部的、有围护结构的楼梯间、水箱间、电梯机房等，结构层高在 2.20 m 及以上的应计算全面积；结构层高在 2.20 m 以下的，应计算 1/2 面积。

围护结构不垂直于水平面的楼层，应按其底板面的外墙外围水平面积计算。结构净高在 2.10 m 及以上的部位，应计算全面积；结构净高在 1.20 m 及以上至 2.10 m 以下的部位，应计算 1/2 面积；结构净高在 1.20 m 以下的部位，不应计算建筑面积。

建筑物的室内楼梯、电梯井、提物井、管道井、通风排气竖井、烟道，应并入建筑物的自然层计算建筑面积。有顶盖的采光井应按一层计算面积，且结构净高在 2.10 m 及以上的，应计算全面积；结构净高在 2.10 m 以下的，应计算 1/2 面积。

室外楼梯应并入所依附建筑物自然层，并应按其水平投影面积的 1/2 计算建筑面积。

在主体结构内的阳台，应按其结构外围水平面积计算全面积；在主体结构外的阳台，应按其结构底板水平投影面积计算 1/2 面积。

有顶盖无围护结构的车棚、货棚、站台、加油站、收费站等，应按其顶盖水平投影面积的 1/2 计算建筑面积。

以幕墙作为围护结构的建筑物，应按幕墙外边线计算建筑面积。

建筑物的外墙外保温层，应按其保温材料的水平截面积计算，并计入自然层建筑面积。

与室内相通的变形缝，应按其自然层合并在建筑物建筑面积内计算。对于高低联跨的建筑物，当高低跨内部连通时，其变形缝应计算在低跨面积内。

对于建筑物内的设备层、管道层、避难层等有结构层的楼层，结构层高在 2.20 m 及以上的，应计算全面积；结构层高在 2.20 m 以下的，应计算 1/2 面积。

下列项目不应计算建筑面积：

(1) 与建筑物内不相连通的建筑部件。

(2) 骑楼、过街楼底层的开放公共空间和建筑物通道。

(3) 舞台及后台悬挂幕布和布景的天桥、挑台等。

(4) 露台、露天游泳池、花架、屋顶的水箱及装饰性结构构件。

(5) 建筑物内的操作平台、上料平台、安装箱和罐体的平台。

(6) 勒脚、附墙柱、垛、台阶、墙面抹灰、装饰面、镶贴块料面层、装饰性幕墙，主体结构外的空调室外机搁板(箱)、构件、配件，挑出宽度在 2.10 m 以下的无柱雨篷和顶盖高度达到或超过两个楼层的无柱雨篷。

(7) 窗台与室内地面高差在 0.45 m 以下且结构净高在 2.10 m 以下的凸(飘)窗，窗台与室内地面高差在 0.45 m 及以上的凸(飘)窗；室外爬梯、室外专用消防钢楼梯。

(8) 无围护结构的观光电梯。

(9) 建筑物以外的地下人防通道，独立的烟囱、烟道、地沟、油(水)罐、气柜、水塔、贮油(水)池、贮仓、栈桥等构筑物。

4.4 建筑面积计算步骤

学生分组，每组 6～8 人，选出组长 1 名。按组分配工作任务，填入表 4-1 中。学生按小组共同进行实训，在之前识图模块的基础上，再次阅读施工图纸，由组长分配任务，小组成员共同进行建筑面积的计算，可参考表 4-2 进行。在计算建筑面积之前进行详细的识图工作，细心查看底层和标准层结构的相同之处和不同之处。将该多层砌体结构房屋与建筑面积的计算规定一一对应，综合考虑，按照计算规则对每层建筑面积分别进行计算、汇总。

表 4-1　　学生任务分配表

班级		组号		指导老师	
组长		学号			
组员	姓名	学号	姓名	学号	
任务分工：					

表 4-2　　学生工作表

班级		组号		指导老师	
根据工程实际计算	项目名称	计量单位	工程量	计算式	建筑面积
成绩评定：□优　□良　□中　□及格　□不及格					

【例 4-1】 一层建筑面积 S_1(Ⓑ轴～Ⓔ轴×①轴～⑧轴)的计算如下

$$\begin{aligned}S_1&=(27.3+0.12\times 2)\times(7.2+2.1+7.2+0.12\times 2)\\&=461.02\ \text{m}^2\end{aligned}$$

二～六层建筑面积 $S_{2\sim6}$ 的计算如下：

$$\begin{aligned}S_{2\sim6}&=(27.3+0.12\times 2)\times(7.2+2.1+7.2+0.12\times 2)\times 5\\&=2\ 305.1\ \text{m}^2\end{aligned}$$

一层阳台建筑面积 $S_{\text{一层阳台}}$ 的计算如下：

$$\begin{aligned}S_{\text{一层阳台}}&=\frac{1}{2}\times[(27.3-1.0\times 3-0.5+0.12\times 2)\times 1.5+(3.9\times 3-0.5-\\&\quad 1.0+0.12\times 2)\times 1.5\times 2]\\&=33.69\ \text{m}^2\end{aligned}$$

二～六层阳台建筑面积 $S_{\text{二～六层阳台}}$ 的计算如下：

$$\begin{aligned}S_{\text{二～六层阳台}}&=\frac{1}{2}\times[(27.3-1.0\times 3-0.5+0.12\times 2)\times 1.5+(3.9\times 3-0.5-1.0+\\&\quad 0.12\times 2)\times 1.5\times 2]\times 5\\&=168.45\ \text{m}^2\end{aligned}$$

总的建筑面积计算如下：

$$\begin{aligned}S_{\text{总}}&=S_1+S_{2\sim6}+S_{\text{一层阳台}}+S_{\text{二～六层阳台}}\\&=461.02+2\ 305.1+33.69+168.45\\&=2\ 968.26\ \text{m}^2\end{aligned}$$

4.5 实训成果评价

学生自评要点：评价自己是否能熟练运用建筑面积计算规则，是否能完整地计算出各层的建筑面积，无多算、漏算。

教师评价要点：报告书写是否工整规范，认识体会是否深刻，计算内容数据是否来自于实训，计算过程是否详细准确，是否起到了实训的作用。

4.6 思考题

(1) 计算建筑面积时，哪些部分需要计算，哪些部分不需要计算？

(2) 计算建筑面积时,层高对计算建筑面积有什么影响?

(3) 如何计算坡屋顶、雨篷、室内楼梯的建筑面积?

4.7　教学建议

教师在本节实训课结束时应进行反思,学生能否在计算中灵活运用建筑面积的计算规则,能否判断不同的层高对建筑面积的影响,能否耐心仔细地进行计算。同时教师也应对自己进行反思,能否引导学生进行实训,能否通过引导培养学生独立思考、独立学习的能力。

任务 5　工程量清单列项

5.1　实训目标

（1）能识读建筑施工图纸。

（2）能通过识读施工图纸，了解建筑物的全部构造、构件联结、材料做法、装饰要求，等等。

（3）掌握工程量清单分部工程列项的顺序和方法。

（4）能准确地按顺序划分和排列分项工程项目。

（5）培养学生团结一致、互帮互助的精神，充分发挥每个成员的作用，使学生能够具备团队合作的职业精神。

5.2　学习重点与难点

学习重点：土石方工程、砌筑工程、混凝土工程的分项工程项目划分。

学习难点：土石方工程、砌筑工程、混凝土工程的项目特征描述。

5.3　工程量清单编码

基本建设项目按照合理确定工程造价和基本建设管理工作的要求，划分为建设项目、单项工程、单位工程、分部工程、分项工程五个层次。分部工程一般按工程部位及使用材料和工种工程划分。例如，土建工程中的分部工程划分为土石方工程、砌筑工程、脚手架工程、钢筋混凝土工程、木结构工程、金属结构工程、装饰工程等。

分项工程是指通过简单的施工过程就能生产出来，并且可以利用某些计量单位计算的最基本的产品或部件。分项工程是单位工程的组成部分。分项工程通常按照不同的施工方法、施工内容、工种及材料进行划分。分项工程是建筑工程中项目划分、计算工程量及工料数量的基本构造要素，也是计算资金消耗、套定额的基本项目，是工程预算的基础。本实训项目对工程量计算仅实训混凝土工程和砌筑工程的分项工程部分。

工程量清单包括建设工程的分部分项工程项目、措施项目、其他项目、规费项目和税金项目的名称及相应数量等明细清单。分部分项工程量清单的编制，首先要实行四统一的原则，即统一项目编码、统一项目名称、统一计量单位、统一工程量计算规则。在四统一的前提下编制清单项目。

分部分项工程量清单应包括项目编码、项目名称、项目特征、计量单位和工程数量五部分。清单编码以 12 位阿拉伯数字表示。其中第 1,2 位是专业工程顺序码，第 3,4 位是附录顺序码，第 5,6 位是分部工程顺序码，第 7～9 位是分项工作顺序码，第 10～12 位是清单项目名称顺序码。清单编码前 9 位是《清单规范》给定的全国统一编码，根据规范附录 A、附录 B、附录 C、附录 D、附录 E 的规定设置，后 3 位清单项目名称顺序码由编制人根据图纸的设计要求设置。

5.4　工程量列项计算

学生分组，每组 6～8 人，选出组长 1 名。按组分配工作任务，填入表 5-1 中。由组长带领组员讨论确定所需列项的分部工程。详细阅读理解《房屋建筑与装饰工程工程量计算规范》(GB 50854—2013)和《上海市建筑和装饰工程预算定额》(2016)各章节说明和子目，参照图纸列出该工程项目中分部分项工程量清单，并描述项目，计算出清单工程量，随后根据《上海市建筑和装饰工程预算定额》(2016)计算出定额工程量，二者进行对比，完成表 5-2。

表 5-1　　学生任务分配表

<table>
<tr><td>班级</td><td></td><td>组号</td><td></td><td>指导老师</td><td></td></tr>
<tr><td>组长</td><td></td><td>学号</td><td colspan="3"></td></tr>
<tr><td rowspan="4">组员</td><td>姓名</td><td>学号</td><td>姓名</td><td colspan="2">学号</td></tr>
<tr><td></td><td></td><td></td><td colspan="2"></td></tr>
<tr><td></td><td></td><td></td><td colspan="2"></td></tr>
<tr><td></td><td></td><td></td><td colspan="2"></td></tr>
<tr><td colspan="6">任务分工：</td></tr>
<tr><td colspan="6"></td></tr>
</table>

表 5-2 学生工作表

班级		组号		指导老师	
定额列项:(所给工程涉及的定额有哪些请写在下面表格中,写不下可附多页)					
序号	定额编号	定额名称	单位	定额	备注
1	01-5-2-2	构造柱	m^3		
2	01-5-3-4	圈梁	m^3		
3	01-5-3-5	过梁	m^3		
4	01-5-5-1	有梁板	m^3		
5	01-5-6-1	楼梯	m^2		
6	01-5-5-8	雨篷板	m^3		
7	01-5-3-2	现浇泵送混凝土 矩形梁	m^3		
8	01-4-1-8	墙体	m^2		
9	01-17-1-3	钢管双排外脚手架高 30 m 以内	m^2		
10	01-5-7-7	现浇现拌混凝土 台阶	m^2		
11	01-17-2-61	模板 矩形梁	m^2		
12	01-17-2-64	模板 圈梁	m^2		
13	01-17-2-65	模板 过梁	m^2		
14	01-17-2-74	模板 有梁板	m^2		
15	01-17-2-91	模板 整体楼梯	m^2		
16	01-17-2-88	模板 雨篷	m^2		
17	01-17-2-99	模板 台阶	m^2		
18	01-17-2-53	模板 矩形柱	m^2		
19	01-4-1-7	墙体(½砖厚)	m^3		
成绩评定:□优 □良 □中 □及格 □不及格					

【例 5-1】 土石方工程计算。

序号	项目编码	项目名称	项目特征	计量单位	工程量
1	010101001001	平整场地	三类土,弃取土均在场地内	m^2	$S=538.15\ m^2$

$S=(27.3+0.12\times2)\times(7.2+2.1+7.2+0.12\times2)+[(27.3+0.12\times2)\times1.5+(3.9\times3+0.12\times2)\times1.5\times2]=461.02+77.13=538.15\ m^2$

而定额计算公式:$S_{平}=S_{底}+L_{外}\times2+16$

$L_{外}=(19.5+0.12\times2)+(27.3+0.12\times2)+(3.9\times3+0.12\times2)=90.9\ m$

所以,$S_{平}=538.15+90.9\times2.0+16=735.95\ m^2$

余下部分由学生自行完成。

【例 5-2】 砌筑工程(一层砌筑工程量)计算。

序号	项目编码	项目名称	项目特征	计量单位	工程量
1	010401004001	多孔砖墙	1. MU10 多孔砖； 2. 外墙 240 厚； 3. M7.5 混合砂浆砌筑	m^3	$V=53.29\ m^3$

$V=0.24\times(27.3+16.5)\times2\times(3.3-0.24)\times[(0.24+0.03\times2)\times(0.24+0.03)\times8\times2+(0.24+0.03)\times(0.24+0.03)\times4]-[(0.9\times1.8+0.9\times0.9)\times13+1.0\times2.1\times2+2.4\times1.5)\times0.24]=64.33-1.59-9.45=53.29\ m^3$

定额计算同清单，略。

【例 5-3】 *砌筑工程(一层砌筑工程量)计算*

序号	项目编码	项目名称	项目特征	计量单位	工程量
2	010401004002	多孔砖墙	1. MU10 多孔砖； 2. 外墙 120 厚； 3. M7.5 混合砂浆砌筑	m^3	$V=63.93\ m^3$

$V=0.24\times[(7.2-0.03\times2)\times12+(27.3-0.3\times6-0.27\times2)\times2]\times(3.3-0.24)-1.0\times2.1\times13-1.5\times2.4$

$=0.24\times395.11-27.3-3.6$

$=63.93\ m^3$

定额计算同清单，略。

余下 2～6 层部分由学生自行完成。

【例 5-4】 *混凝土工程计算*

序号	项目编码	项目名称	项目特征	计量单位	工程量
1	010502002001	构造柱	1. 商品混凝土； 2. C25 混凝土	m^3	$V=8.45\ m^3$

$V=0.3\times0.27\times3.3\times28+0.27\times0.27\times4\times3.3=8.45\ m^3$

定额计算同清单，此不赘述。

序号	项目编码	项目名称	项目特征	计量单位	工程量
2	010503004001	圈梁	1. 商品混凝土； 2. C25 混凝土	m^3	$V=79.92\ m^3$

$V=0.24\times0.24\times[(27.3+16.5)\times2-0.24\times7\times2\times0.24\times6\times0.24\times12]=79.92\ m^3$

定额计算同清单。

序号	项目编码	项目名称	项目特征	计量单位	工程量
3	010503002001	矩形梁	1. 商品混凝土； 2. C25 混凝土	m^3	$V=8.65\ m^3$

$V=0.2\times0.36\times(3.9-0.24)\times14+0.24\times0.3\times(2.1-0.24)\times6+0.24\times0.36\times1.5\times16+0.24\times0.36\times(27.3-0.24\times13)$

$=3.69+0.80+2.07+2.09$

$=8.65\ \text{m}^3$

定额计算同清单。

序号	项目编码	项目名称	项目特征	计量单位	工程量
4	010505001001	有梁板	1. 商品混凝土； 2. C25 混凝土	m^3	$V=47.91\ \text{m}^3$

$V=\{[(7.2-0.24)\times(3.9-0.24)+0.2\times(3.9-0.24)]\times14+(3.9-0.24)\times(2.1-0.24)\times7+(1.5-0.24)\times(3.9-0.24)\times14\}\times0.10$

$=(366.88+47.65+64.56)\times0.10=47.91\ \text{m}^3$

定额计算同清单。

2～6 层混凝土由学生自行完成。

5.5 实训成果评价

学生自评要点：评价自己是否能从施工图纸中找到所需的资料，是否能正确完整地列出分项工程项目。

教师评价要点：报告书写是否工整规范，分项工程项目是否按顺序完整地列出。

5.6 思考题

(1) 从编制施工图预算的角度看，在识读施工图纸时应注意哪些问题？

(2) 列出的分部工程有哪些？

(3) 各分部工程中分项工程有哪些？

(4) 列项时的顺序是什么？

(5) 如何避免多算和漏算的情况？

5.7 教学建议

教师在本节实训课结束时应进行反思，如何引导学生从编制施工图预算的角度来识读图纸；如何让学生自查列项的准确性；学生是否能从实训过程中培养独立思考的能力。

任务 6　砌筑工程量计算

6.1　实训目标

（1）掌握砌体外墙、内墙的计算规则。

（2）能计算砌体外墙、内墙的工程量。

（3）能使用算量软件进行建模，并得出外墙、内墙的工程量。

（4）能根据电算结果，核查并修改手算的工程量。

（5）培养学生团结一致、互帮互助的精神，充分发挥每个成员的作用，使学生在今后走向工作岗位后能够具备团队合作的职业精神。

6.2　学习重点与难点

学习重点：手算和电算出外墙、内墙等砌筑工程的工程量。

学习难点：手算外墙、内墙等的工程量。

6.3　砌筑工程计算规则

砖砌墙体应按砌体的不同砌筑部位、用材及厚度按体积以立方米计算。

砖砌墙体计算墙体时，砌体厚度和长度应按附表规定尺寸计算。因有些设计习惯上将半砖墙写作 120 mm，一砖墙写作 240 mm，一砖半墙写作 370 mm，二砖墙写作 500 mm。但编制预算时计算工程量应按表 6-1 规定尺寸计算。如 17 孔多孔砖一砖内墙应按190 mm 计算。

砖砌墙体应扣除门窗洞口、过人洞、空圈、每个面积在 0.3 m^2 以上的孔洞、嵌墙体内的钢筋混凝土柱、梁、过梁、圈梁、暖气包、壁龛所占的体积。

砖砌墙体不扣除梁头、外墙板头、梁垫、木楞头、沿椽木、木砖、门窗走头、砌体内加固钢筋、木筋、铁件所占的体积。

表 6-1　　砌墙体计算厚度表　　单位:mm

墙体名称	1/4	1/2	1	1 1/2	2	2 1/2	3
标准砖	53	115	240	365	490	615	740
20 孔多孔砖		侧砌 90,平砌 115	240	365	490	615	740
17 孔多孔砖		90	190	290	390	490	590
三孔砖		侧砌 115	200				

砖砌墙体不增加突出墙面的砖砌窗台、压顶线、山墙泛水、烟囱根、门窗套、三皮以下的腰线、挑檐等体积。

墙身长度,外墙按墙中心线,内墙按墙间净长计算;嵌砌内、外墙均按净长计算;山尖按设计宽度计算。外墙中心线并不完全是设计轴线,内墙按墙间净长而不是按轴线尺寸计算。

墙身高度按下列规定计算:

(1) 平屋面外墙带有挑檐口者,高度算至屋面结构板面;带有女儿墙者,高度算至女儿墙压顶面(有混凝土压顶时算至压顶下表面)。

(2) 坡屋面外墙无檐口天棚者,高度算至屋面板底;有檐口天棚者,高度算至屋架下弦底另加 200 mm。

(3) 山墙山尖按平均高度计算。

(4) 内墙位于屋架下面,高度算至屋架下弦底;无屋架者,高度算至天棚底另加 100 mm;有楼隔层者,高度算至楼板底,有框架梁时,高度算至梁底。

6.4 砌筑工程计算步骤

根据之前列项的结果,按顺序进行砌筑工程量的计算,计算时学生应注意对外墙、内墙进行划分,标出所算墙体所处的轴线位置,在砌筑工程的计算时,尤其要注意扣除墙中的混凝土结构构件,避免多算的情况。组长可安排组员两两合作,两人计算外墙,两人计算内墙,另外两人利用算量软件建模,最后组长和组员共同将手算和电算结果进行对比,核查和修改工程量计算结果。整个实训过程中,组长要管理、审查小组工作,具体可参照表 6-2、表 6-3、表 6-4。

表 6-2　学生任务分配表

班级		组号		指导老师	
组长		学号			
组员	学号	姓名	学号	姓名	
任务分工：					

表 6-3　学生工作表

班级		组号		指导老师	
根据工程实际计算					
成绩评定：□优　□良　□中　□及格　□不及格					

表 6-4　　　　工程量计算表

定额编号	项目名称	计量单位	工程量	计算式
01-4-1-8	240 mm (1砖厚)墙体	m^3	741.46	首层(240厚) $L_{外}=(7.2\times2+2.1+27.3)\times2=87.6$ m $L_{内}=(27.3-0.24)\times2+(7.2-0.24)\times12=137.64$ m $H=3.3-0.24=3.06$ m $S=(87.6+137.64)\times3.06-13\times1.8\times2.7-2.5\times1\times13-0.75\times2.1\times13-2\times1.5\times2.7-2.1\times1=562.88\ m^2$ $V=562.88\times0.24-8.152-2.283=124.66\ m^3$ 标准层 $H=3.1-0.24=2.86$ m $L_{外}$=首层=87.6 m　$L_{内}$=首层=137.64 m $S=(87.6+137.64)\times2.86-3.66\times1.5-1\times2.5\times13-2.1\times13-2.1\times0.75\times13-1.5\times2.5-1.8\times2.7\times13-1.5\times1.6\times2=513.99\ m^2$ $V=513.99\times0.24=123.36\ m^3$ 总量=124.66+123.36×5=741.46 m^3
01-4-1-7	120 mm (½砖厚)墙体	m^3	167.79	(120厚) $L=1.5\times2.1+(2+0.75\times2+0.66-0.12)\times13=84.02$ m $V=84.02\times12\times(3.3-0.36)=29.64\ m^3$ L=首层=84.02 m $V=84.02\times0.12\times(3.1-0.36)=27.63\ m^3$ 总量=29.64+27.63×5=167.79 m^3
01-17-1-3	钢管	m^2	1 802.196	双排外脚手架高 30 m 以内 (27.54 + 16.74) × 2 × (18.8 + 1.5 − 0.4 + 0.45) =1 802.196 m^2

6.5 实训成果评价

学生自评要点：评价自己是否能从施工图中找到所需的资料，灵活运用所学的工程量计算规则进行计算，是否通过电算和手算，能查出计算过程中的错误并修改。

教师评价要点：报告书写是否工整规范，计算方法是否正确，学生能否面对不同情况，灵活运用计算规则，能否通过电算和手算结合，找出手算过程中的错误并修改。

6.6 思考题

(1) 砌筑工程中外墙、内墙的计算规则是什么？

(2) 如何利用算量软件建立多层砌体结构的模型？

(3) 如何利用算量软件进行砌筑工程量的计算？

(4) 如何将手算结果和电算结果相结合，核查手算结果？

6.7　教学建议

教师在本节实训课结束时应进行反思，如何通过软件建模让学生对多层砌体结构的结构形式有一定的理解，如何引导学生灵活利用计算规则去计算工程量；如何让学生通过对比手算和电算成果，自主学习，核查并修改手算的结果；学生如何在团队合作的过程中培养独立思考、团结协作的能力。

任务7　混凝土工程量计算

7.1　实训目标

（1）掌握现浇混凝土构造柱、圈梁、板及模板等的计算规则。

（2）能计算现浇混凝土构造柱、圈梁、板及模板等的工程量。

（3）能使用算量软件进行建模，并得出混凝土工程量和模板工程量。

（4）能根据电算结果，核查并修改手算的工程量。

（5）培养学生团结一致、互帮互助的精神，充分发挥每个成员的作用，使学生在今后走向工作岗位后能够具备团队合作的职业精神。

7.2　学习重点与难点

学习重点：手算和电算出混凝土构造柱、圈梁、板及模板等的工程量。

学习难点：手算混凝土构造柱、圈梁、板及模板等的工程量。

7.3　混凝土工程量计算规则

现浇、预制混凝土和钢筋混凝土除另有规定者外，实体体积均按施工图图示尺寸以立方米计算。不扣除钢筋、预埋铁件和螺栓所占体积。空心构件均应扣除空心部分体积，按实体体积计算。

柱按图示断面尺寸乘以柱高以立方米计算。构造柱按净高计算，与砖墙嵌接部分的体积并入柱身体积计算。

梁按图示断面尺寸乘以梁长以立方米计算。梁长的计算：梁与柱连接时，梁长算至柱侧面。

次梁与主梁连接时，次梁的长度算至主梁的侧面；梁与墙连接时，伸入砖墙内的梁头应计入梁的长度内；圈梁与过梁连接时，过梁长度按门、窗洞口宽度两端共加500 mm计算。

板按图示面积乘以板厚以立方米计算。应扣除 0.3 m^2 以上孔洞所占的体积。

(1) 有梁板包括主、次梁与板，按梁、板体积之和计算。

(2) 无梁板按板与柱帽体积之和计算。

(3) 平板按板的实体体积计算。

(4) 伸入砖墙内的板头体积应并入板内计算。

(5) 现浇钢筋混凝土挑檐天沟与现浇屋面板连接时，以外墙面为界；与梁连接时，以梁外边为界，外墙边线或梁边线以外为挑檐天沟。

楼梯与楼板以楼梯梁的外侧面为界。整体楼梯及旋转楼梯包括踏步、斜梁、休息平台、平台梁、楼梯与楼板的连接梁，按实体体积计算(扣除楼梯井，伸入墙、砖或砌块墙内部分另增加)。

阳台、雨篷均按伸出墙外部分的实体体积计算。由柱支承的大雨篷，应按柱、板分别以体积计算。

栏板(包括伸入砖墙内的部分)、楼梯栏板分别按长、斜长乘以其垂直高度及厚度以立方米计算。

栏杆按长或斜长乘以其垂直高度以平方米计算(伸入墙内的长度已综合在定额内)。

台阶按水平投影面积计算。台阶与平台连接时，以最上层踏步外沿加 300 mm 为界。

现浇混凝土及钢筋混凝土模板工程量，除另有规定者外，均以混凝土与模板接触面面积以平方米计算。

杯芯不分柱断面大小均按只计算。设备基础螺栓套按不同预留深度按个计算。

现浇钢筋混凝土柱、墙、支模高度(即室外地坪至板底或板面至板底)为 3.6 m 以上时，另按超过部分的工程量计算。

现浇钢筋混凝土墙、板上单孔面积在 0.3 m^2 以内的孔洞不予扣除，洞侧壁模板亦不增加；单孔面积在 0.3 m^2 以外时，应予扣除，洞侧壁模板面积并入墙、板模板工程量计算。

现浇钢筋混凝土框架分别按现浇混凝土柱、梁、板有关规定计算。

附墙柱并入混凝土墙体工程量计算。

构造柱外露面积均按图示外露部分(包括马牙槎)计算模板面积，构造柱与墙接触面不计算模板面积。

不同类型的板连接时，以墙中心线为界。

弧形板不分曲率大小，不分有梁板、平板，按圆弧部分的弓形面积计算。如为整圆、半圆或椭圆形时应扣除内接正方形或矩形所占面积。

现浇钢筋混凝土悬挑板(雨篷、阳台)按图示外挑部分的水平投影面积计算。挑出墙外的牛腿梁及板边模板不另计算。

现浇钢筋混凝土栏板按垂直投影面积计算。

现浇钢筋混凝土楼梯，以图示露明面的水平投影面积计算，不扣除小于 500 mm 楼梯井所占面积。楼梯的踏步、踏步板子台梁等侧面模板不计算。

现浇混凝土台阶不包括梯带，按图示尺寸的水平投影面积计算。台阶端头两侧不计算模板面积。

暖气电缆沟、门框、挑檐天沟、压顶，零星构件均按实体积以立方米计算。

现浇混凝土池槽按构件外围体积计算，池槽内、外侧及底部的模板不另计算。

7.4 混凝土工程量计算步骤

根据之前列项的结果，按顺序进行混凝土工程量的计算，计算时学生应注意对混凝土构件进行划分，标出所算混凝土构件的轴线位置。组长可安排组员两两合作，两人同时计算一个混凝土构件，另外的两人利用算量软件建模，最后组长和组员共同将手算和电算结果进行对比，核查和修改工程量计算结果。整个实训过程中，组长要管理、审查小组工作，具体可参照表 7-1、表 7-2、表 7-3。

表 7-1 学生任务分配表

<table>
<tr><td>班级</td><td></td><td>组号</td><td></td><td>指导老师</td><td></td></tr>
<tr><td>组长</td><td></td><td>学号</td><td colspan="3"></td></tr>
<tr><td rowspan="4">组员</td><td>学号</td><td>姓名</td><td>学号</td><td colspan="2">姓名</td></tr>
<tr><td></td><td></td><td></td><td colspan="2"></td></tr>
<tr><td></td><td></td><td></td><td colspan="2"></td></tr>
<tr><td></td><td></td><td></td><td colspan="2"></td></tr>
<tr><td colspan="6">任务分工：</td></tr>
<tr><td colspan="6"></td></tr>
</table>

表 7-2　　　　学生工作表

班级		组号		指导老师	
根据工程实际计算					
成绩评定：□优　□良　□中　□及格　□不及格					

表 7-3　　　　工程量计算表

定额编号	项目名称	计量单位	工程量	计 算 式
01-5-2-2	构造柱	m^3	46.267	首层 H=3.3−0.24=3.06 m V(两面)=(0.24+0.03)×0.24×3.06×4=0.881 m^3 V(四面)=$(0.24+0.03×2)^2$×3.06×12=3.305 m^3 V(二面)=(0.24+0.06)×0.24×2.86×4=0.824 m^3 标准层(5 层)H=3.1−0.24=2.86 m V(两面)=(0.24+0.06)×0.24×2.86×4=0.824 m^3 V(三面)=(0.24+0.03)×(0.24+0.06)×2.86×16=3.71 m^3 V(四面)=$(0.24+0.03×2)^2$×2.86×12=3.689 m^3 $V_{总}$=(0.881+3.966+3.305)+(0.824+3.71+3.089)×5=46.267 m^3
01-5-3-5	过梁	m^3	15.518	首层　MC1=13×(1.8+0.25×2)0.18×0.24=1.292 m^3 M1=13×(1+0.25×2)×0.12×0.24=0.562 m^3 M2=13×(0.75+0.25×2)×0.122=0.234 m^3 MC5=2×(1.5+0.25×2)×0.18×0.24=0.173 m^3 FM1=(1+0.25×2)×0.122=0.022 m^3 $V_{总}$=2.283 m^3 标准层　MC1=1.292 m^3 M1=0.562 m^3 M2=0.234 m^3 M3=(1.5+0.25×2)×0.18×0.24=0.086 m^3 C3=(3.66+0.5)×0.3×0.24=0.3 m^3 C5=2×(1.5+0.5)×0.18=0.3 m^3 $V_{总}$=2.647×5=13.235 m^3

（续表）

定额编号	项目名称	计量单位	工程量	计 算 式
01-5-3-4	圈梁	m^3	52.44	①轴 QL　$V=[19.5-(1.5+2.1)\times2]\times0.242=0.708\ m^3$ ②轴～⑧轴 QL　$V=\{19.5-(1.5+2.1)\times2-0.2\times2-(2.1-0.24)\}\times7\times0.242=4.048\ m^3$ Ⓑ轴 QL $V=(3.9-0.24)\times7\times0.24^2=1.476\ m^3$ Ⓔ轴 QL $V=(3.9-0.24)\times6\times0.24^2=1.265\ m^3$ Ⓒ轴～Ⓓ轴 QL $V=(3.9-0.24)\times7\times0.24^2=2.951\ m^3$ $V=10.448\times5=52.44\ m^3$
01-5-5-1	有梁板	m^3	284.125	板： L1　$S=(4.82-0.1-0.12)\times(3.9-0.12\times2)=16.836\ m^2$ L2　$S=(2.38-0.12-0.1)\times(3.9-0.12\times2)=7.906\ m^2$ L2(楼)　$S=(2.38-0.12\times3)\times(3.9-0.12\times2)=7.393\ m^2$ L3　$S=(2.1-0.12\times2)\times(3.9-0.12\times2)=6.808\ m^2$ L4　$S=(1.5-0.12\times4)\times(3.9-0.12\times2)=3.733\ m^2$ $S_{总}=(16.836\times13)+(7.906\times13)+7.393+(6.808\times7)+(3.733\times13)=425.219\ m^2$ $V=425.219\times0.1=42.522\ m^3$ $V=42.522\times5=212.61\ m^3$ 梁： $V=42.522\times5=212.61\ m^3$ L-3(3)　$L=(3.9-0.24)\times7=25.62\ m$ $V=0.24\times0.36\times25.62=2.214\ m^3$ L4(7)　$V=27.3\times0.2\times0.36=1.966\ m^3$ L5(3)　$V=3.9\times3\times0.2\times0.36=0.842\ m^3$ L6(3)　$V=(3.9\times3+0.24)\times0.2\times0.36=0.86\ m^3$ L7(1)　$V=(3.9-0.24)\times0.24\times0.36=0.316\ m^3$ L8(1)　$V=(3.9-0.24)\times0.24\times0.36=0.316\ m^3$ L9(3)　$V=(3.9-0.24)\times3\times0.24\times0.36=0.949\ m^3$ L10(3)　$V=(3.9-0.24)\times3\times0.24\times0.36=0.949\ m^3$ $V=(4.954+9.349)\times5=71.515\ m^3$ $212.61+71.515=284.125\ m^3$
01-5-6-1	楼梯	m^2	127.37	$5\times(3.9-0.24)\times(7.2-0.24)=127.37\ m^2$
01-5-5-8	雨篷板	m^3	4.14	$S=(1.5+0.6+0.2)\times0.9\times2=4.14\ m^2$
01-5-3-2	现浇泵送混凝土矩形梁	m^3	4.954	2～6 层　$V=(1.5+2.1)\times8\times2\times0.36\times0.24=4.954\ m^3$

（续表）

定额编号	项目名称	计量单位	工程量	计 算 式
01-5-7-7	现浇现拌混凝土台阶	m^2	2.52	$S=(1.5+0.6)\times0.3\times2\times2=2.52\ m^2$
01-17-2-61	模板矩形梁	m^2	42.274	$XL_{外}=(1.5+2.1-0.18)\times(0.36-0.1+0.36+0.24)\times6=17.65\ m^2$ $XL_{内}=(1.5+2.1-0.36)\times[(0.36-0.1)\times2+0.24]\times10=24.624\ m^2$
01-17-2-64	模板圈梁	m^2	96.63	$S_{横向}=(27.3-0.24\times8)\times4\times[0.24+(0.24-0.1)\times2]-(3.9-0.24)\times[0.24+(0.24-0.1)\times2]=50.89\ m^2$ $S_{竖向1}=(19.5-2.1\times2-1.5\times2-0.48)\times(0.24+0.24\times2-0.1)\times2=14.66\ m^2$ $S_{竖向2}=(19.5-2.1\times2-1.5\times2-2.1-0.24)\times(0.24+0.14\times2)\times6=31.08\ m^2$
01-17-2-65	模板过梁	m^2	242.77	$MC1=(1.8+0.5)\times(0.18\times2+0.24)\times13=17.94\ m^2$ $M1=(1+0.5)\times(0.12\times2+0.24)\times13=9.36\ m^2$ $M2=(0.75+0.5)\times(0.12\times2+0.24)\times13=7.8\ m^2$ $MC5=(1.5+0.5)\times(0.18\times2+0.24)\times2=2.4\ m^2$ $FM1=(1+0.5)\times(0.12\times2+0.24)=0.72$ 首层总量$=38.22\ m^2$ $MC1=17.94\ m^2$ $M1=9.36\ m^2$ $M2=7.8\ m^2$ $M3=(1.5+0.5)\times(0.18\times2+0.24)=1.2\ m^2$ $C3=(3.66+0.5)\times(0.3\times2+0.24)=3.49\ m^2$ $C5=(1.5+0.5)\times(0.18\times2+0.24)=1.2\ m^2$ 标准层$=40.99\times5=204.55\ m^2$
01-17-2-74	模板有梁板	m^2		L1　$S=(4.82-0.1-0.12)\times(3.9-0.12\times2)=16.836\ m^2$ L2　$S=(2.38-0.12-0.1)\times(3.9-0.12\times2)=7.906\ m^2$ L2(楼)　$S=(2.38-0.12\times3)\times(3.9-0.12\times2)=7.393\ m^2$ L3　$S=(2.1-0.12\times2)\times(3.9-0.12\times2)=6.808\ m^2$ L4　$S=(1.5-0.12\times4)\times(3.9-0.12\times2)=3.733\ m^2$ $S_{总}=(16.836\times13)+(7.906\times13)+7.393+(6.808\times7)+(3.733\times13)=425.219\ m^2$ 板模 $425.22\times5=2\ 126.095\ m^2$ $L1=(2.1-0.24)\times(0.24+0.26\times2)\times6=8.48\ m^2$ $L3=(27.3+0.24)\times0.36+(27.3-0.24)\times0.24+(27.3-0.24\times7)\times0.26=23.07\ m^2$ $L4=(27.3-0.24\times7)\times(0.2+0.26\times2)=18.45\ m^2$ $L5=(3.9\times3-0.24\times3)\times(0.2+0.26\times2)=7.91\ m^2$ $L6=L5=7.91\ m^2$ $L7=(3.9-0.24)\times(0.24+0.26\times2)=2.78\ m^2$

（续表）

定额编号	项目名称	计量单位	工程量	计 算 式
				L8＝(3.9－0.24)×(0.24＋0.36×2)＝3.51 m^2 L9＝(11.7＋0.24)×0.36＋(11.7－0.24×3)×0.26＋(11.7－0.24)×0.24＝9.904 m^2 L10＝L9＝9.904 m^2 梁模 1 154.11 m^2 2 126.1＋1 154.11＝3 280.21 m^2
01-17-2-91	模板 整体楼梯	m^2	127.37	5×(3.9－0.24)×(7.2－0.24)＝127.37 m^2
01-17-2-88	模板 雨篷	m^2	4.14	S＝(1.5＋0.6＋0.2)×0.9×2＝4.14 m^2
01-17-2-99	模板 台阶	m^2	2.52	S＝(1.5＋0.6)×0.3×2×2＝2.52 m^2
01-17-2-53	模板矩形柱 2 m^3 以上	m^2	287.47	首层 S1＝(0.24＋0.06×2＋0.06×4)×3.06×10＝18.36 m^2 S2＝0.06×8×3.06×22＝32.31 m^2 标准层 S1＝(0.24＋0.06×2＋0.06×4)×2.86×10＝17.16 m^2 S2＝0.06×8×2.86×22＝30.2 m^2 总量(17.16＋30.2)×5＋18.36＋32.31＝287.47 m^2

7.5 实训成果评价

学生自评要点：评价自己是否能从施工图中找到所需的资料，灵活运用所学的工程量计算规则进行计算，是否通过电算和手算，能查出计算过程中的错误并修改。

教师评价要点：报告书写是否工整规范，计算方法是否正确，学生能否面对不同情况，灵活运用计算规则，能否通过电算和手算结合，找出手算过程中的错误并修改。

7.6 思考题

(1) 混凝土板、构造柱、圈梁、过梁的计算规则是什么？

(2) 多层砌体结构的柱墙梁板结构是什么样的？

(3) 如何利用算量软件建立多层砌体结构的模型？

(4) 如何利用算量软件进行混凝土工程量的计算？

(5) 如何将手算结果和电算结果相结合，核查手算结果？

7.7 教学建议

教师在本节实训课结束时应进行反思，如何通过软件建模让学生对多层砌体结构的结构形式有一定的理解，如何引导学生灵活利用计算规则去计算工程量；如何让学生通过对比手算和电算成果，自主学习，核查并修改手算的结果；学生如何在团队合作的过程中培养独立思考、团结协作的能力。

任务 8　预算文件编制

8.1　实训目标

（1）能使用单位估价法和实物金额法计算工程直接费。

（2）能进行工料分析。

（3）能够计算人工费、材料费、机械费。

（4）能够进行管理费、规费和税金的计算。

（5）能够编制工程预算文件。

（6）通过对整个工程预算的编制，锻炼学生收集资料、整理资料、使用资料的能力，同时培养他们自主学习的能力，为今后的工作打好基础。

（7）培养学生团结一致、互帮互助的精神，充分发挥每个成员的作用，使学生在今后走向工作岗位后能够具备团队合作的职业精神。

8.2　学习重点与难点

学习重点：各类费用的计算。

学习难点：各类费用的计算。

8.3　工程造价的组成及计算

施工图预算是用来确定建筑工程预算造价的技术经济文件，其主要作用就是确定建筑工程预算造价。

1．工程造价组成

按照费用构成要素划分的工程造价组成，如图 8-1 所示。

2．工程预算文件的编制步骤

（1）根据施工图设计文件和预算定额进行定额列项并计算工程量；

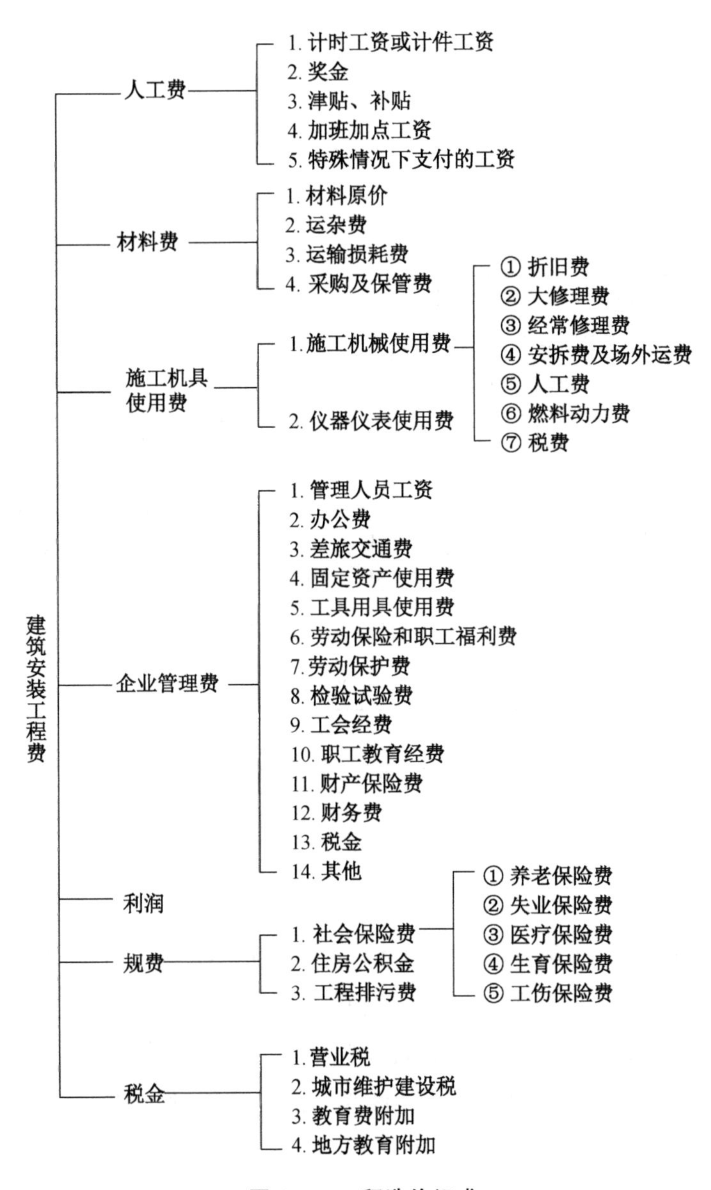

图 8-1 工程造价组成

(2) 根据工程量和预算定额分析工料机消耗量；

(3) 根据工程量采用单位估价法和实物金额法计算工程直接费；

(4) 根据直接费(或人工费)和管理费率计算管理费；

(5) 根据直接费(或人工费)和利润率计算利润；

(6) 根据直接费、管理费、利润之和及税率计算税金；

(7) 将直接费、管理费、利润、税金汇总为工程预算造价。

(8) 填写编制说明、封面。

(9) 汇总成册。

工程预算文件的编制过程如图 8-2 所示。

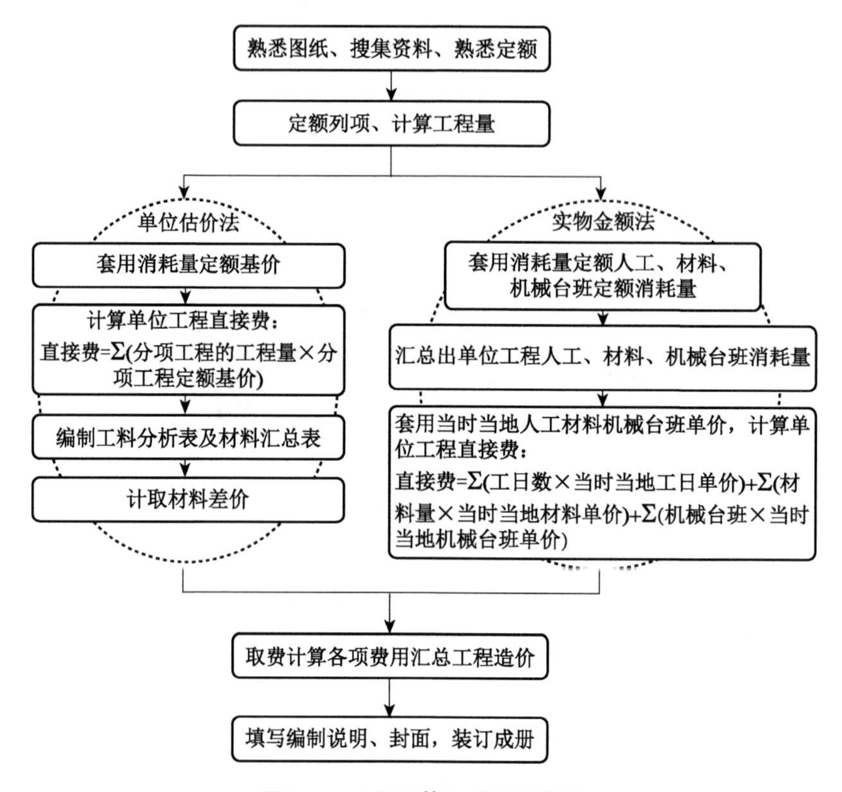

图 8-2　工程预算文件编制步骤

3. 单位估价法

单位估价法编制施工图预算是根据消耗量定额的分部分项工程量计算规则，按照施工图计算出各分部分项工程的工程量，乘以相应的工程单价（定额基价），汇总得到单位工程的人工费、材料费、机械使用费之和（工程直接费）；再以工程直接费或其中的人工费为计费基础，按照规定计费程序和计费费率计算出措施费、间接费、利润和税金，汇总得出单位工程的施工图预算造价。

4. 实物金额法

实物量法编制施工图预算，就是根据施工图、国家或地区颁发的预算定额，计算出各分项工程的工程量，套用消耗量定额相应人工、材料、机械台班的定额耗用量，各分项工程的人工、材料和机械台班按照工种、材料种类、规格和机械种类规格分别汇总，得出单位工程所需的人工、各种材料、施工机械台班消耗量，然后再乘以当时、当地人工工资标准（工日单价）、各种材料单价、施工机械台班单价，即为单位工程的人工费、材料费和机械费，将这三项费用汇总相加，得到单位工程的人工费、材料费、机械费之和，即为单位工程的定额直接费，再加上按规定程序计算出来的其他直接费、现场经费、间接费、利润、税金，便可得出单位工程的施工图预算造价。

5. 费用汇总

计算出各项费用以后,汇总工程预算费用如表 8-1 所示。

表 8-1 工程预算费用汇总表

	名称	表达式	金额
1	直接费	直接费	
2	其中人工费	人工费	
3	其中材料费	材料费	
4	其中机械费	机械费	
5	企业管理费和利润	[2]×相应费率	
6	安全防护、文明施工措施费	([1]+[5])×相应费率	
7	施工措施费	施工措施费按实际记取	
8	小计	[1]+[5]+[6]+[7]	
9	工料机价差	结算价差	
10	工程排污费	[8]×相应费率	
11	社会保障费	[8]×相应费率	
12	住房公积金	[8]×相应费率	
13	规费合计	[10]+[11]+[12]	
14	税金	([8]+[9]+[10]+[11]+[12])×综合税率	
15	甲供材料	甲供材料	
16	专业分包	专业分包费	
18	工程施工费	[8]+[9]+[13]+[14]+[15]+[16]	

6. 编制说明

一般编制说明包括下列内容(无统一格式):

(1) 施工图的名称及编号;

(2) 预算编制时使用的定额或计价表的名称;

(3) 预算编制使用的费用定额及材料调差的有关文件名称文号;

(4) 预算取定的承包方式及取费等级;

(5) 是否已考虑设计修改或图纸会审记录;

(6) 有哪些遗留项目或暂估项目;

(7) 存在的问题及处理的办法、意见。

7. 封面

封面一般包括下列内容。封面格式一般如图 8-3 所示。

建筑工程施工图预算书		
建设单位:		
工程名称:		
建筑面积:		
工程造价:		
编制单位:	编制人:	审核人:
编制时间:		

图 8-3 预算书封面格式

8.4 预算文件编制

通过前面的实训,已经完成了工程量清单列项和工程量计算,下面介绍预算文件中其他内容的编制方法。

1. 直接费的计算

(1) 人工费

$$人工费 = \sum(工日消耗量 \times 日工资单价)$$

计算时应根据工程项目技术要求和工种差别分别计算各种日人工单价。

(2) 材料费

① 材料费

$$材料费 = \sum(材料消耗量 \times 材料单价)$$

$$材料单价 = (材料原价 + 运杂费) \times [1 + 运输损耗率(\%)] \times [1 + 采购保管费率(\%)]$$

② 工程设备费

$$工程设备费 = \sum(工程设备量 \times 工程设备单价)$$

$$工程设备单价 = (设备原价 + 运杂费) \times [1 + 采购保管费率(\%)]$$

（3）施工机具使用费

① 施工机械使用费

$$施工机械使用费 = \sum(施工机械台班消耗量 \times 机械台班单价)$$

$$\begin{aligned}机械台班单价 = &台班折旧费 + 台班大修费 + 台班经常修理费 + 台班安拆费及\\&场外运费 + 台班人工费 + 台班燃料动力费 + 台班车船税费\end{aligned}$$

施工企业可以参考工程造价管理机构发布的台班单价，自主确定施工机械使用费的报价，如租赁施工机械，公式为：

$$施工机械使用费 = \sum(施工机械台班消耗量 \times 机械台班租赁单价)$$

② 仪器仪表使用费

$$仪器仪表使用费 = 工程使用的仪器仪表摊销费 + 维修费$$

2. 企业管理费费率

（1）以分部分项工程费为计算基础

$$企业管理费费率(\%) = \frac{生产工人年平均管理费}{年有效施工天数 \times 人工单价} \times 人工费占分部分项工程费比例(\%)$$

（2）以人工费和机械费合计为计算基础

$$企业管理费费率(\%) = \frac{生产工人年平均管理费}{年有效施工天数 \times (人工单价 + 每一工日机械使用费)} \times 100\%$$

（3）以人工费为计算基础

$$企业管理费费率(\%) = \frac{生产工人年平均管理费}{年有效施工天数 \times 人工单价} \times 100\%$$

3. 利润

利润是指施工企业完成所承包工程获得的盈利。施工企业根据企业自身需求并结合建筑市场实际自主确定，列入报价中。

企业管理费和利润一般按照分部分项工程的人工费乘以相应费率计算。

4. 规费

规费是指按国家法律、法规规定，由省级政府和省级有关权力部门规定必须缴纳或计取的费用。建设单位和施工企业均应按照省、自治区、直辖市或行业建设主管部门发布标准计算规费和税金，不得作为竞争性费用。

规费包括社会保险费、住房公积金和工程排污费。社会保险费包括养老保险费、失业保险费、医疗保险费、生育保险费、工伤保险费。

(1) 社会保险费和住房公积金

社会保险费和住房公积金应以定额人工费为计算基础，根据工程所在地省、自治区、直辖市或行业建设主管部门规定费率计算。

$$社会保险费和住房公积金=\sum(工程定额人工费\times社会保险费和住房公积金费率)$$

(2) 工程排污费

工程排污费等其他应列而未列入的规费应按工程所在地环境保护等部门规定的标准缴纳，按实计取列入。

5. 税金

税金是指国家税法规定的应计入建筑安装工程造价内的营业税、城市维护建设税、教育费附加以及地方教育附加。

$$税金=税前造价\times综合税率(\%)$$

综合税率的计算方式如下：

(1) 纳税地点在市区的企业

$$综合税率(\%)=\frac{1}{1-3\%-(3\%\times7\%)-(3\%\times3\%)-(3\%\times2\%)}-1$$

(2) 纳税地点在县城、镇的企业

$$综合税率(\%)=\frac{1}{1-3\%-(3\%\times5\%)-(3\%\times3\%)-(3\%\times2\%)}-1$$

(3) 纳税地点不在市区、县城、镇的企业

$$综合税率(\%)=\frac{1}{1-3\%-(3\%\times1\%)-(3\%\times3\%)-(3\%\times2\%)}-1$$

(4) 实行营业税改增值税的按纳税地点现行税率计算

6. 定额换算

1) 砂浆换算

(1) 砌筑砂浆换算。当设计文件中砌筑砂浆与定额不一致时，需调整砂浆强度等级，由于砂浆用量不变，只调整砂浆材料用量或材料费即可。

$$换算后的定额计价=原定额基价+定额砂浆用量\times(换入砂浆基价-换出砂浆基价)$$

(2) 抹灰砂浆换算。当设计文件中抹灰砂浆与定额不一致时，若抹灰厚度不变，只换算配合比。既人工费、机械费不变，只调整材料用量或材料费。当设计文件中砌筑砂浆与定

额不一致时，若抹灰厚度发生变化，砂浆用量发生改变，人材机用量或费用均要按比例换算。

2）混凝土的换算

当设计文件中混凝土强度等级与定额不一致时，需调整混凝土强度等级，由于混凝土用量不变，只调整混凝土材料用量或材料费即可。

3）楼地面混凝土的换算

当设计文件中厚度楼地面混凝土与定额不同时需换算，同抹灰砂浆。

4）木门窗的换算

设计文件中门窗断面与定额不同时，木材用量可按设计断面与定额断面的比例进行换算。

5）乘系数换算

在定额的总说明和各章说明中都有乘以系数的相关情况说明，说明中规定在何种情况下定额的一部分或全部乘以规定的系数，在计算时需按实际情况进行换算。

（1）工程量的换算：

$$\text{换算后的工程量}=\text{原工程量}\times\text{系数}$$

（2）人工、机械系数的调整：

$$\text{换算后的人工消耗量}=\text{定额人工消耗量}\times\text{系数}$$

$$\text{换算后的人工费}=\text{原定额计价}+\text{定额人工费}\times(\text{系数}-1)$$

$$\text{换算后的机械消耗量}=\text{定额机械消耗量}\times\text{系数}$$

$$\text{换算后的机械费}=\text{原定额计价}+\text{定额机械费}\times(\text{系数}-1)$$

7. 价差调整

材料价差调整的原因主要是材料价格随时间或者区域的变化而产生的价格变化。

（1）单项材料价差调整

$$\begin{matrix}\text{单项材料}\\\text{价差调整}\end{matrix}=\sum\left[\begin{matrix}\text{单位工程某}\\\text{种材料用量}\end{matrix}\times\left(\begin{matrix}\text{现行材料}\\\text{预算价格}\end{matrix}-\begin{matrix}\text{预算定额中}\\\text{材料单价}\end{matrix}\right)\right]$$

（2）综合系数调整材料价差

$$\begin{matrix}\text{单位工程采用综合系}\\\text{数调整材料价差}\end{matrix}=\begin{matrix}\text{单位工程定}\\\text{额材料费}\end{matrix}\left(\begin{matrix}\text{定额直接}\\\text{工程费}\end{matrix}\right)\times\begin{matrix}\text{材料价差综}\\\text{合调整系数}\end{matrix}$$

8.5 实训成果评价

学生自评要点：评价自己是否能按照相关取费文件进行费用的计算，能否按照定额说明进行相关定额的换算，能否根据所给条件进行材料价差调整，能否完成预算文件的编制。

教师评价要点：预算书是否完整规范，编制说明是否按要求编写，费用表是否按照相关文件进行计算。

8.6 思考题

(1) 施工措施费中哪些是总价措施费、哪些是单价措施费？

(2) 各类费用中哪些是非竞争性费用？

(3) 定额换算有哪几种类型？

8.7 教学建议

教师在本节实训课结束时应进行反思，如何引导学生从编制施工图预算书的过程中理解工程造价的组成，让学生学会查询相关文件；如何培养学生在实训过程中进行独立思考的能力。

单元 3

施工组织设计

单元概述

施工组织设计是用来指导施工项目全过程各项活动的技术、经济和组织的综合性文件，是施工技术与施工项目管理有机结合的产物。通过本次实训，能使学生初步掌握单位工程施工组织设计的步骤和方法，能根据案例工程情况，选择合适的施工方案，编制符合要求的单位工程施工进度计划以及设计可行的单位工程施工现场平面图。施工组织设计是保证工程开工后施工活动有序、高效、科学合理地进行的基础。

实训目标

了解施工组织设计的组成、内容及作用，熟悉施工方案选定、计划进度设计和施工平面布置的要求和注意点；能够进行初步的施工组织设计，为后续实训任务打下扎实的基础；养成严谨、细致、认真的工作态度，培养良好的人际交往、团队合作能力。

教学重点

施工方案选定、计划进度设计和施工平面布置。

教学建议

教师在实施项目教学时，按照建筑行业规范和基本要求，采用与工作岗位中的环境、内容、时间基本一致的教学手段，帮助学生完成施工组织设计。教师要善于引导学生从工作中发现问题，有针对性地展开讨论，提高解决问题的能力。

任务9　施工方案选定

9.1　实训目标

(1) 掌握施工方案的分类。

(2) 掌握施工方案选定的步骤。

(3) 编制并熟识本次施工实训中的各个结构部位的施工方案。

9.2　学习重点与难点

学习重点:墙体砌筑、脚手架工程、模板施工、钢筋工程等的施工技术方案的编制和完善。

学习难点:施工方案选定的注意事项和编制要求。

9.3　施工方案选定及施工组织设计

9.3.1　施工方案的选定

施工方案是施工组织设计的核心,是编制施工进度计划、施工现场平面图的基础。根据工程及施工特点,施工方案内应包含各主要分部工程(一般应包括基础分部、主体分部、屋面分部、装饰分部等)的施工程序、施工起点及流向、施工顺序、施工段划分、施工方法和施工机械,拟定的技术组织措施。

施工方案的选定步骤一般为:

(1) 施工程序:指各分部工程或施工阶段的先后次序及其相互制约关系。一般为先地下后地上,先主体后围护,先结构后装修,先土建后设备。

(2) 施工起点和流向:指在平面及空间上开始施工的部位及其流动的方向。主要取决于生产需要、缩短工期及质量要求等,是组织施工的重要环节。考虑因素有:建设单位的部分工程尽早投产的要求；现场条件及施工方案，如开挖土方由远至运输道路近处；各分部分项工程的特点及其相互关系，如多层建筑的室内装饰要考虑平面及竖向流向，梁板底模的流向影响到梁板钢筋铺设流向；主导施工机械的工作效益；保证施工现场内施工和运输的畅通；施工段、施工层的划分等。

(3) 施工顺序：指施工过程或分项工程之间施工的先后次序。确定施工顺序的一般要求：应满足施工工艺的要求，应与所采用的施工方法和施工机械相适应，考虑工期的要求，考虑施工组织顺序的安排，考虑施工质量的要求，考虑施工安全的要求，考虑自然条件的影响。

(4) 划分施工段：根据流水施工的需要划分，各段工程量大致相等，施工段数大于或等于施工过程数；分段大小与施工能力适应；分界线不影响结构整体性。

(5) 主要分部分项工程的施工方法和施工机械的选择：此部分为施工方案的核心内容。施工方法应着重注意技术复杂处，注意采用新工艺、新材料、新技术和特殊结构及工程量大的分部分项工程；对常规做法，只需提出注意事项，不必拟定详细的施工方法。施工机械应选择适宜主导工程的机械，机械之间的生产能力应配套，种类和型号应较少，尽量选用施工单位自有机械。

9.3.2　单位工程施工组织的基本内容

(1) 封面：一般应包含单位工程名称、单位工程施工组织设计字样、编制单位、编制时间、编制人、审批人等。

(2) 目录：单独页。

(3) 编制依据：工程合同、施工图及与本工程相关的技术图集、标准、规范、规程等。

(4) 工程概况：工程地址、各参建方基本情况；合同范围、工期等；工程难点及特点，建筑、结构及其他专业设计概况；建设地点特征；施工条件。以上内容基本可从合同、施工图、勘测报告等中根据需要摘抄或修改。

(5) 施工方案：根据工程特点，确定施工方法、机械、顺序等内容。

(6) 施工进度计划：首先计算各分项工程的工程量，通过劳动定额计算劳动量、机械台班数，从而确定各班组人数及工作持续时间。在此基础上考虑施工方案因素，编制单位工程施工进度计划。

在进度计划基础上，根据施工定额，编制施工准备工作计划及劳动力、主要材料、施工机械等的需要量计划。

(7) 施工现场平面图：包括建筑红线和现有、拟建建筑物轮廓线。起重机械、仓库、加工场、生产、办公及生活等设施位置，场内运输道路布置；行政与生活设施及临时水电管网布置。根据工程情况，必要时分别绘制基础工程、主体工程和装饰工程的施工现场平面图。

(8) 技术组织措施：包括质量、施工安全及防火施工、降低成本措施、季节性施工措施及环境保护、现场文明施工措施等。

9.3.3 单位工程施工组织设计编制程序

(1) 熟悉施工图,进行现场勘查,收集现场环境、施工资料。

(2) 根据设计图纸计算工程量。考虑施工因素,首先确定流水施工的主要施工过程,分层、分段,对主要工程项目可划分到分项工程或工序。在此基础上,计算工程量。

(3) 编制施工方案:首先拟定多种可行的施工方案,进行技术经济比较,最后选择出最优的施工方案。施工组织设计中只需写出最终施工方案,不需写分析过程,但应进行主要经济技术指标分析。

(4) 编制施工进度计划:首先根据施工方案及工作持续时间编制进度计划,然后进行优化。施工组织设计中只需写出最终施工进度计划,不需写优化过程。然后根据施工进度计划及实际施工条件,编制劳动力、主要材料、施工机械等的需要量计划。

(5) 绘制施工现场平面图:设计前先绘制工程平面轮廓线图,将建筑红线和现有、拟建建筑物轮廓画出。首先布置起重机械,接着确定仓库、加工场位置、场内运输道路,尽量使高空水平运距最短、减少二次搬运,最后计算生产、办公及生活等设施的面积,规划施工临时用水、用电,确定行政与生活设施及临时水电管网布置。进行多方案比较,选择最优方案绘制施工现场平面图。

(6) 制定工程施工中应采取的技术组织措施。

9.4 分部分项施工技术方案

以附录项目为背景,各分部分项的施工技术方案讨论如下。

9.4.1 墙体砌筑施工技术方案

墙体砌筑施工技术方案主要包括以下内容。

1. 弹线、皮数杆要求

砌筑前先弹线,拉麻线,皮数杆固定应牢固,立在外墙转角及交接处,底部水平应一致。

2. 组砌、留槎要求

(1) 组砌前,对砖应隔夜浇水湿润,砂浆应按配合比严格计算与拌制,应随拌随用,一般应在 4 个小时内用完。

(2) 组砌方法应正确,上下错缝,内外搭接。砖柱不能包心砌,承重墙最上一皮应丁砌,隔墙或填充墙顶部应侧砌。使用多孔砖时,墙体的上下三皮应用实心砖。砌筑时铺灰不能过长,提倡一刀灰、一块砖、一揉的“三一法”以保粘结力。

(3) 外墙转角处、T 形交接处应同时砌筑,砌体与构造柱相交及留槎或留墙洞时应成斜槎，若因限制而留直槎时，则须加锚拉钢筋。锚固筋的间距、长度、数量应符合规范的要求。

(4) 在门洞两侧砌实心混凝土块，铝合金固定件用射钉枪钉在混凝土块上，再灌细石混凝土。

3. 构造柱施工

(1) 应先砌砖，后浇捣构造柱混凝土，砌墙体时，需根据马牙槎尺寸要求，从柱脚开始，先退后进。

(2) 构造柱与墙体连接处沿垂直高度每隔 500 mm 设置 2 根直径为 6 mm 的Ⅰ级钢筋作水平拉结筋。拉结筋伸入墙体 1 000 mm，拉结筋端部需设 90°弯钩。

(3) 构造柱内纵筋搭接长度 $35d$，端部应设弯钩，构造柱内设箍筋直径为 6 mm、间距为 200 mm 的Ⅰ级钢筋，构造柱与圈梁相交节点处上下各 500 mm 范围内箍筋间距为 100 mm。

9.4.2 脚手架工程施工技术方案

脚手架工程是建筑施工中必不可少的辅助设施，它担负着施工堆料，短距离水平运输、工人施工操作、安全围护等功能。因此脚手架的搭设质量，对施工人员的安全、工程的进度快慢、工程质量的好坏都有着密切的关系。脚手架须符合两个要求，一是适应施工生产需要，二是符合施工安全要求。

(1) 本工程脚手架采用钢管搭建，脚手架搭建宜采用双排钢管。立杆纵向间距 1.5 m，横杆间距 1 m。里挡主杆距墙面 0.5 m(以不妨碍结构施工为准)。相邻立杆接头错开，外立杆高出建筑物顶部 1～1.5 m，高出部分必须绑扎防护栏杆二道、并挂设安全网(密目式)。

(2) 脚手架水平纵杆(牵杆)与立杆(冲天)横杆(横楞)二者应连成一个整体，纵杆(牵杆)上下间距 1.8 m，接头搭接长度大于 1.5 m，接头要求左右上下要错开，纵杆(牵杆)水平排列，每排设置四根(禁用三根)。

(3) 脚手架的剪刀撑斜杆与地坪线成 45°倾斜角，纵向间距 9～10 m，剪刀撑的作用是防止脚手架纵向倾倒，脚手架的横向连接，则用双股 10# 镀锌铁丝连接，埋在钢筋混凝土梁柱的拉攀上，每一连接点加小平撑与建筑物撑牢。

(4) 脚手架每排要绑扎一道扶手和一道踢脚杆，竹笆铺好后，应在四周用铅丝扎牢。

(5) 脚手架搭设要达到横平竖直，连接要牢固，安全措施要齐全，立杆(冲天)与斜杆(剪刀撑)均需支撑在硬地坪上或埋在地下 50 cm。

(6) 搭设脚手架时下方应设警戒区和安全警告标志，禁止闲人闯入。操作人员必须持证上岗，操作时不准穿硬底鞋，不准向下乱抛杂物。

(7) 脚手架搭设完毕要经安全验收，验收合格挂牌后方可投入使用。

9.4.3 模板工程施工技术方案

模板工程的好坏直接影响工程结构尺寸的正确性，直接影响混凝土平整度、垂直度、标高等是否达到设计要求，故必须对模板的材料、模板成形、模板及其支撑的强度、刚度、稳定性、隔离剂、模板拆除等环节严格把关，必须步步达到设计与规范要求。

1) 材料要求

工程一般以木模为主，表面应平整，拼缝应<1.5 mm，并能纵横向拼装。木板的表面应无节疤、缺口，应用红松、白松等高于三等材质的木料做模板。

2) 模板及其支撑的强度、刚度、稳定性要求

(1) 模板的强度应符合设计要求，以防模板变形甚至破坏，在浇混凝土时防止爆模而影响质量；模板的刚度应符合设计要求，以防止模板产生挠曲变形；模板的稳定性应达到要求，以防倒塌，造成质量及安全事故。

(2) 模板的支撑也必须在强度、刚度、稳定性上达到设计要求，支撑立杆间距，连系杆和剪刀撑的布置等应符合规范要求，必要时须进行设计，计算荷载除应能承受新浇混凝土重量、模板自重、侧向荷载、施工荷载外，同时也应根据该部位施工情况考虑，当本层结构强度未到时，支撑系统须承受部分其上层施工静活荷载。另外支架必须有足够的支撑面积，支撑部位的基础也应计算其强度，严禁支在冻土或松土上，同时支撑基础必须要有良好的排水措施。

(3) 模板及其支撑系统在安装过程中，必须设置临时固定措施，严防倾覆。

(4) 支撑全部安装完毕后，应及时沿横向和纵向加设水平撑和垂直剪刀撑，并与支撑固定牢靠。因本工程高度未超过 4.5 m，因此设上下两道水平撑。

(5) 支模应按工序进行，模板没有固定前，不得进行下道工序。不准站在柱模板上操作和在梁底板上行走，更不允许利用拉杆支撑攀登上下。

(6) 平底模板安装就位时，应在支撑搭设稳固后才能进行。

3) 模板成形要求

(1) 模板的断面尺寸、标高、垂直度等应在设计规范允许偏差范围内。一般轴线位移<5 mm，标高<±5 mm，每层垂直度<3 mm，表面平整度<5 mm，截面尺寸<±5 mm，预埋件中心线位移<3 mm。当跨度>4 m 时，模板应起拱，一般为 1‰～3‰。

(2) 为了扎筋的方便，可在梁内钢筋扎好后，再封侧模，这样施工上虽增加环节比较麻烦，但有利于柱子抗震构造筋深入梁内部分能与梁的钢筋绑扎，也有利钢筋自身的绑扎。

4) 模板的拆除

顶撑拆除应先中间后两边对称进行。拆模时不得损坏构件棱角，做到轻拆轻放，不得向下乱抛物件，以免伤人。拆模时严格遵守“拆模作业”要点规定。

(1) 高空复杂结构模板的拆除，应有专人指挥和切实的安全措施，并在下面标出工作

区，严禁非操作人员进入作业区。

(2) 工作前应事先检查所使用的工具是否牢固，工作时思想要集中，防止钉子扎脚和空中滑落。

(3) 拆除模板时，一般应用长撬棍，严禁操作人员站在正在拆除的模板上。已拆除的模板、拉杆、支撑应及时运走或妥善堆放，严防操作人员因扶空、踏空而坠落。

(4) 拆模间隙时，应将已活动的模板、拉杆、支撑等固定牢固，严防突然掉落，倒塌伤人。

9.4.4 钢筋工程施工技术方案

施工中钢筋的配制、绑扎与安装要求：

(1) 钢筋的规格、形状、尺寸、数量、锚固长度应根据设计图纸进行配制，若有变更，则按变更要求进行。同时应按 7 度抗震规范进行操作。

(2) $d>22$ mm 时，宜采用焊接连接。同一钢筋焊接及绑扎接头在 $30d$ 范围只能有一个，同一截面受拉区接头应不得超过该钢筋截面 25%，受压区则不得超过 50%，绑扎接头搭接长度 $>35d$ 时采用帮条焊，搭接焊单面焊时搭接长度 $\geqslant 10d$，双面焊时 $\geqslant 5d$，且搭接焊应保证两钢筋在同一轴线上。

(3) 骨架的高度，宽度偏差 $<\pm 5$ mm，骨架的长度偏差 $<\pm 10$ mm，焊接预埋件中心线偏差 $<\pm 5$ mm，钢筋的保护层垫块厚度应正确，垫块分布应足够均匀，防止钢筋碰模。

(4) 箍筋的弯钩角度为 135°，弯钩平直部分长度 $>10d$。

(5) 钢筋的保护层应满足设计规范要求，垫块或马凳的数量、间距、厚度应使钢筋不挠曲、不碰模为原则。对于悬臂板的表面钢筋，施工时不得踩下，故须有足够的垫块或小马凳。

(6) 钢筋施工中班组应先进行自检、互检，然后由质量员进行复检，合格后方可进行下道工序。

9.5 实训成果评价

按照表 9-1 的时间安排进行试训项目的施工组织设计，并进行自我评价。

表 9-1 实训时间安排表

阶段	实训内容	附注	自我评价
第 1 天	实训动员、布置任务	由指导教师讲解实训内容，讲明本次实训的重要性和必要性；提出分组名单、任务安排、实训纪律；指出实训注意事项等	
	小组安排工作，开始工程资料收集	任务安排表报指导教师	

（续表）

阶段	实训内容	附注	自我评价
第2天至第4天	编制单位工程施工组织设计	以"一案、一表、一图"为中心	
第4天下午	小组整理实训资料，写个人实训小结，进行自评及小组互评，提交成果。按小组进行个人答辩	小组提交施工组织设计打印稿，个人手写填学生工作页，自评和互评。完成后，报指导教师申请答辩	
第5天	按小组进行个人答辩		

9.6 思考题

（1）施工方案选定步骤是怎样的？
（2）施工时间的确定方式有几种？
（3）施工准备工作的内容有哪些？
（4）施工现场的准备工作都包括哪些内容？三通一平指的是什么？
（5）施工现场管理的内容有哪些？

9.7 教学建议

对施工方案选定这一任务的重点、难点，老师要做到心中有数，这样既有利于学生深入探究本课主题，同时，也有助于教师在教学过程中围绕这一课题进行教学，教师要巧妙利用生活中生成的资源，增设教学环节，创造性地组织实施课堂教学，使课堂充满活力，教师要亲自参与活动，这样使得师生的活动直接融入学生的学习经历中，引起情感上的共鸣，得到情感的体验和价值观的熏陶，使教学活动充满"生命的活力"，从而达到事半功倍的教育效果。

任务 10　进度计划编制

10.1　实训目标

（1）掌握施工进度计划的定义和种类。

（2）掌握施工进度计划的编制要求和过程。

（3）编制并熟识本次施工实训的进度计划。

10.2　学习重点与难点

学习重点：施工进度计划的定义、要求和一般步骤。

学习难点：施工进度计划的编制。

10.3　施工进度计划编制

10.3.1　施工进度计划分类

施工进度计划分为施工总进度计划、单位工程施工进度计划、分部分项工程进度计划和季度（月、旬、周）进度计划四个层次，是施工组织设计的中心内容，它要保证建设工程按合同规定的期限交付使用。施工中的其他工作必须围绕并适应施工进度计划的要求安排施工。

施工进度计划的种类宜与施工组织设计相适应，工程须有总进度计划和单位工程施工进度计划。施工总进度计划包括建设项目（企业、住宅区等）的施工进度计划和施工准备阶段的进度计划。它按生产工艺和建设要求，确定投产建筑群的主要和辅助的建（构）筑物的施工顺序、相互衔接和开竣工时间以及施工准备工程的顺序和工期。单位工程施工进度计划是总进度计划有关项目施工进度的具体化，工程的施工组织设计一般都会考虑建筑工程和安装工程的施工时间。

10.3.2 施工进度计划的内容

1. 划分施工过程

划分方式参见《建筑工程施工质量验收统一标准》(GB 50300—2001)。

2. 计算工程量

有施工图预算书时，直接套用或适当修改后采用计算数据；没有施工图预算书时，根据施工图纸及工程量计算规则进行。

选择适合本企业特点的施工定额。通过将流水施工工作的工程量，分别套用劳动定额、材料消耗定额、机械台班定额，得到该工作的劳动量、材料用量、机械台班数。

3. 施工时间的确定

(1) 定额计算法：由各分项工程的劳动量、机械台班数及计划配备的专业工人数及施工机械数来确定其工作持续时间。

(2) 工期固定、资源均衡：根据合同规定的总工期和本企业的施工经验，确定各分项工程的施工持续时间。然后按各分项工程需要的劳动量或机械台班数，确定各分项工程每班需要的人数及机械数量，目前最为常用。

4. 编制施工进度计划表

(1) 选择进度计划形式：可采用横道图或网络图，目前以时标网络图较为常用。

(2) 初步绘制施工进度计划：按前面的步骤确定各分项工程的施工顺序和施工天数后，应首先确定主导施工过程，使其能连续施工且最大限度地搭接，然后非主导施工过程与主导施工过程尽量平行或穿插施工。在此基础上，绘制施工进度计划。

(3) 检查和调整：检查施工顺序是否合理，劳动力等资源消耗是否均衡，主要施工机械利用率是否合理。不合理的则需要及时调整。

10.3.3 施工进度计划的编制要求

计划中作业的描述能清楚地传达作业的性质和范围。进度计划必须要考虑其他承包商在毗邻工地的施工作业，永久性管线搬迁、新铺设及临时性管线、为业主工作的其他人员、法定验收单位、现有或未来的运营单位及可能影响施工进度的其他作业。

里程碑计划包含在进度计划中，要能显示完成每项里程碑所要求的先后顺序和相互关系能显示出来。必须严格按照时间节点完成里程碑计划。

必须在进度计划中明确标出关键路径，并在附带的分析报告中有完整的表述。进度计划必须遵守以下规定：

(1) 所有进度计划需包括每项作业的详细情况和叙述、每项作业的参数。

(2) 所有进度计划应包括假期和非工作时间的详情。

(3) 所有进度计划的作业时间单位为天,所有作业建立在建议采用工作时间的基础上,每天工作时间必须遵守相关法律规定。

(4) 所有进度计划要包括各项主要资源数据,包括主要工种、主要工作量,图纸和其他设计文件的数目、电缆长度、管线、设备数量等,还必须按照业主和监理的要求包括工程所有的要求和专业。

(5) 合理划分施工区段,组织流水施工,在确保工程总体目标的前提下,尽量减少施工的投入。

(6) 注意季节施工。

(7) 关键项目要优先安排施工。

(8) 明确设备材料的供货时间。

【例】 编制附录中六层宿舍楼的施工进度计划。

10.3.4 施工进度计划的控制

在施工进度计划的实施过程中,由于各种因素的影响,常常会出现打乱原计划的安排而出现的进度偏差,因此要经常对施工进度的执行情况进行检查和监督,分析产生偏差的原因,对工程进度计划进行全过程管理,对各种因素造成的进度偏差及时进行调整,确保工程进度处于受控状态。

1. 施工进度的检查方式

(1) 建立健全施工进度检查制度,如定期召开现场例会。

(2) 建立健全施工进度报表资料填报审核制度,作为进度控制工作依据。

(3) 现场跟踪检查工程项目实际的进展情况。

2. 施工进度的检查内容

(1) 是否严格按照计划要求执行。

(2) 计划时所分析的主客观条件是否发生变化及影响情况。

(3) 关键工序进度及对总工期的影响。

(4) 非关键工序进度及时差利用情况。

(5) 工作逻辑关系有无变化及变化情况。

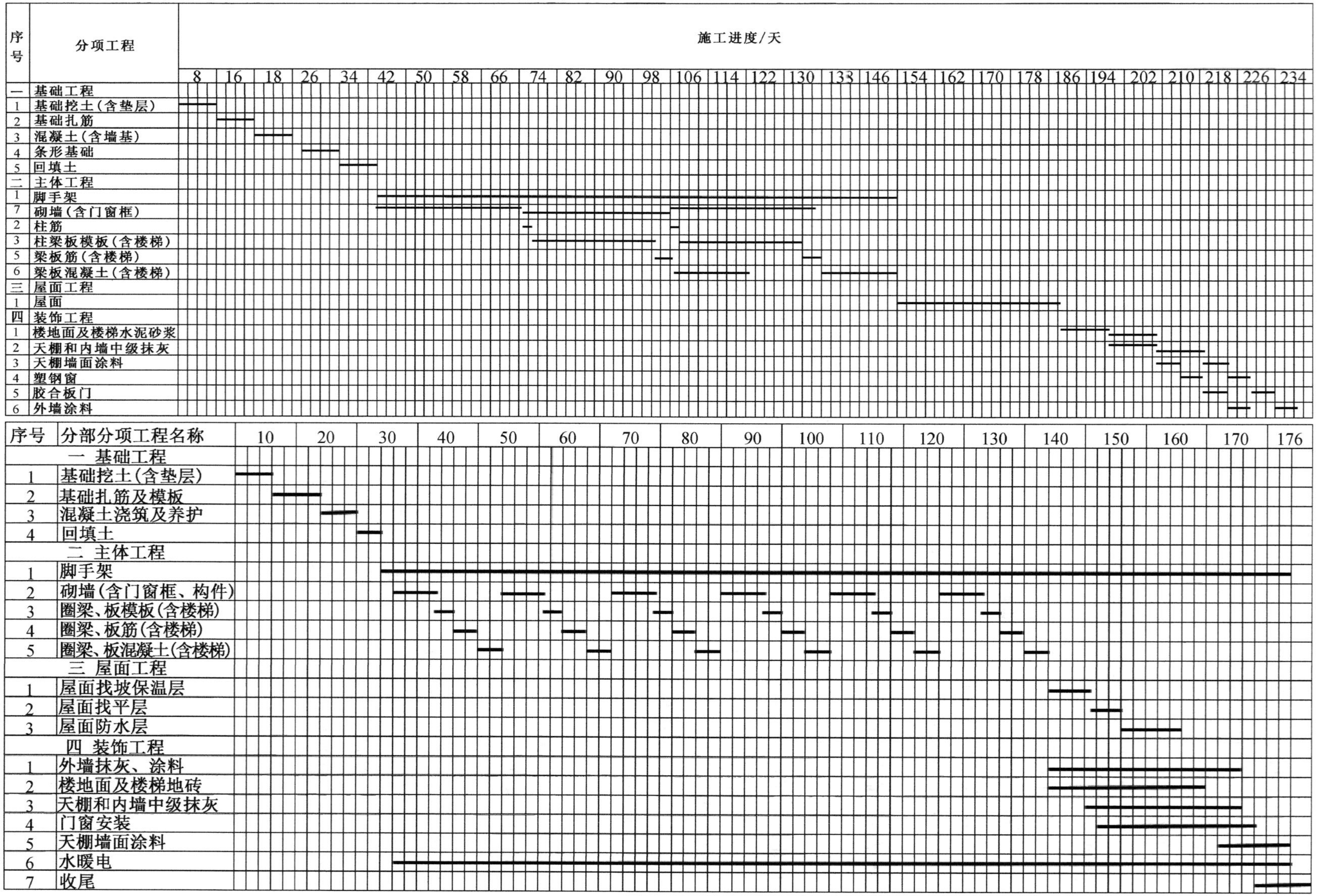

序号	分项工程	施工进度/天																													
		8	16	18	26	34	42	50	58	66	74	82	90	98	106	114	122	130	133	146	154	162	170	178	186	194	202	210	218	226	234
一	基础工程																														
1	基础挖土（含垫层）																														
2	基础扎筋																														
3	混凝土（含墙基）																														
4	条形基础																														
5	回填土																														
二	主体工程																														
1	脚手架																														
7	砌墙（含门窗框）																														
2	柱筋																														
3	柱梁板模板（含楼梯）																														
5	梁板筋（含楼梯）																														
6	梁板混凝土（含楼梯）																														
三	屋面工程																														
1	屋面																														
四	装饰工程																														
1	楼地面及楼梯水泥砂浆																														
2	天棚和内墙中级抹灰																														
3	天棚墙面涂料																														
4	塑钢窗																														
5	胶合板门																														
6	外墙涂料																														

序号	分部分项工程名称	10	20	30	40	50	60	70	80	90	100	110	120	130	140	150	160	170	176
	一 基础工程																		
1	基础挖土（含垫层）																		
2	基础扎筋及模板																		
3	混凝土浇筑及养护																		
4	回填土																		
	二 主体工程																		
1	脚手架																		
2	砌墙（含门窗框、构件）																		
3	圈梁、板模板（含楼梯）																		
4	圈梁、板筋（含楼梯）																		
5	圈梁、板混凝土（含楼梯）																		
	三 屋面工程																		
1	屋面找坡保温层																		
2	屋面找平层																		
3	屋面防水层																		
	四 装饰工程																		
1	外墙抹灰、涂料																		
2	楼地面及楼梯地砖																		
3	天棚和内墙中级抹灰																		
4	门窗安装																		
5	天棚墙面涂料																		
6	水暖电																		
7	收尾																		

图 10-1 施工进度计划示意

10.4 实训项目施工进度计划

本次实训总时长为2周共计10天时间，按照工作量将全体同学划分为20～25人每组，在两周时间内完成一个砌体结构开间。以下仅为本次多层砌体结构实训可供参考的计划进度，教师可按照实际情况进行调整。

1. 第一周周一完成场地平整和备料工作

平整场地前应先做好各项准备工作，如清除场地内的所有障碍物；排除地面积水；铺筑临时道路等。选择场地设计标高的原则是：

(1) 在满足总平面设计的要求，并与场外工程设施的标高相协调的前提下，考虑挖填平衡，以挖作填；

(2) 如挖方少于填方，则要考虑土方的来源，如挖方多于填方，则要考虑弃土堆场；

(3) 场地设计标高要高出区域最高洪水位，在严寒地区，场地的最高地下水位应在土壤冻结深度以下。

备料则是指学生和教师应提前准备好本次实训所需的砖、钢筋等材料，堆置在实训场地周边。

2. 第一周周二至周四砌墙至1.5 m高

完成实训项目中横纵墙体砌筑任务(本项目只需砌筑内外纵墙)。砌块采用烧结黏土砖，采用一顺一丁砌筑。砌筑中要注意墙体构造柱留设任务，即要注意墙体留槎、接槎以及构造柱马牙槎留设。全过程要有完整的技术资料，砌筑质量符合《砌体结构施工与验收规范》的要求。

3. 第一周周五完成脚手架的搭设

根据图纸完成实训场地外脚手架搭设任务。采用扣件式钢管脚手架，全过程要有完整的技术资料，并能通过最终验收。要求搭设从过程到成果均符合质量及安全规范要求，达到合格标准。

本工作在主体结构砌筑到一定高度后开始搭设脚手架。工作开始前须准备以下资料：脚手架工程质量验收规范、施工图纸、施工手册(第四版)、扣件式钢管脚手架搭设相关操作工艺及图片资料等。

4. 第二周周一砌墙至2.5 m并配上相应的构造柱

完成实训项目中构造柱钢筋骨架绑扎和安装任务。要求学生能正确查阅相关规范，如《砌体结构工程施工质量验收规范》(GB 50203—2011)；《砌体结构设计规范》(GB 50003—2011)等。安全文明地配合其他工种，组织构造柱钢筋施工；掌握构造柱连接位置、构造要求、绑扎安装工艺；熟悉构造柱钢筋工程检查验收内容。全过程配齐完整的技术资料，构造柱制作与安装符合《砌体结构工程施工质量验收规范》(GB 50203—2011)的要求。

5. 第二周周二至周四模板搭设及圈梁、楼板钢筋的加工和铺设

(1) 模板铺设。根据图纸完成某建筑圈梁、梁、现浇板、构造柱等模板的搭设任务。采用钢管扣件支撑、竹胶合板加方木组合的方式进行模板安装工作。全过程要有完整的技术资料,最后进行模板的质量验收。要求搭设从过程到成果均符合质量及安全规范要求,达到合格标准。

(2) 圈梁钢筋的安装。识读图纸,确定圈梁钢筋的种类、型号、位置,对钢筋进行进场验收。编制钢筋配料单,对钢筋进行调直、除锈、切断、弯曲。圈梁钢筋在地面上绑扎,叉开接头,用塔吊就位,在墙上绑扎接头。垫垫块,保证保护层厚度,进行钢筋隐蔽工程检查验收。

(3) 楼板钢筋的安装。识读楼盖钢筋施工图,确定楼盖钢筋的种类、型号,对钢筋进行进场验收。编制楼盖钢筋配料单,对钢筋进行调直、除锈、切断、弯曲。钢筋运至作业面,对楼盖钢筋进行绑扎。垫垫块,保证保护层厚度,进行钢筋隐蔽工程验收。

6. 第二周周五实训作业的收尾

学生根据要求完成场地、工具整理,教师进行检查验收,并进行评价。

10.5 实训成果评价

学生自评要点:评价自己是否能完成进度计划的设计,是否能按时完成报告内容等实训成果资料,无任务遗漏。

教师评价要点:报告书写是否工整规范,报告内容数据是否来自于实训,真实合理,阐述较详细,认识体会较深刻,实验结果分析合理,是否起到了实训的作用。

10.6 思考题

(1) 组织流水施工时,施工过程划分的数目多少、粗细程度一般与哪些因素有关?

(2) 确定施工顺序的基本要求有哪些?

(3) 简述施工项目安全管理的主要内容有哪些?

(4) 确定施工总进度计划的步骤是什么?

(5) 进度控制的措施有哪些?

10.7 教学建议

实训时,根据专业的特点,对学生强调安全事项、在实训操作过程中的注意事项以及操作程序。如果实训班的学生少,实训的场地宽敞,那么所有学生可以同步进行,老师教一步，学生跟一步，或者老师先示范，然后学生全部一起做，在学生做的时候，老师进行巡视，发现问题及时解决。对于那些跟不上的学生可以再单独辅导。如果实训班的学生多，实训的场地又狭窄，那么实训老师就可以先培训每一个小组的小组长，把小组长培训好以后，各小组组长再对组员进行小组培训，小组培训时实训老师要到各小组进行巡视检查，发现问题及时解决。小组培训完以后，所有学生进行实训操作，并要求每一个学生能独立地完成每次实训任务。当需要记录实训过程中的数据时，实训老师应要求学生及时做好记录。俗话说“严师出高徒”，在实训过程中，实训老师必须做到一个“严”字，严格要求学生按照规范文明操作。

任务 11　施工平面布置

11.1　实训目标

（1）掌握施工平面布置的定义和原则。

（2）掌握施工平面布置的方法和步骤。

（3）编制并熟识本次施工实训中的施工平面布置。

11.2　学习重点与难点

学习重点：施工平面布置定义、要求和一般步骤。

学习难点：施工进度计划的设计。

11.3　施工现场平面布置的原则

在施工现场上，除拟建建筑物外，还有各种拟建工程所需的各种临时设施，如混凝土搅拌站、材料堆场及仓库、工地临时办公室及食堂等。为了使现场施工科学有序、安全，我们必须对施工现场进行合理的平面规划和布置。这种在建筑总平面图上布置各种为施工服务的临时设施的现场布置图称为施工平面图。施工总平面布置合理与否，将直接关系到施工进度的快慢和安全文明施工管理水平的高低，为保证现场施工顺利进行，具体的施工平面布置原则为：

（1）在满足施工的条件下，尽量节约施工用地。

（2）在满足施工需要和文明施工的前提下，尽可能减少临时设施投资。

（3）在保证场内交通畅通、满足材料堆设要求的前提下，最大限度地减少场内运输，特别是减少场内二次搬运。

（4）在平面交通上，要尽量避免土建、安装专业施工相互干扰。

（5）符合施工现场卫生及安全技术要求和防火规范。

（6）各种施工机械既满足各工作面作业需要又便于安装、拆卸。

（7）施工场地状况及场地主要出入口交通状况。

（8）主体施工阶段及分阶段施工平面布局相应变化。

（9）拟采用的施工方案、施工程序及顺序。

（10）半成品、原材料、周转材料堆放加工需要。

（11）满足不同阶段、多个承包人、各种专业作业队伍对宿舍、办公场所及材料储存、加工场地的需要。

（12）实施严格的安全及施工标准，争创市级文明工地。

11.4 施工现场平面图设计

1. 设计步骤

熟悉有关资料→起重运输机械的布置→确定搅拌站、仓库、材料和构件堆场、加工场的位置→布置现场运输道路→布置行政与生活临时设施→布置临时水电管网→计算经济技术指标。

2. 设计方法

（1）熟悉有关资料。

（2）起重运输机械的布置。

（3）确定搅拌站、仓库、材料和构件堆场、加工场的位置：靠近使用地点、靠近起吊设备。

（4）布置现场运输道路：按照材料和构件运输的需要，沿着仓库和堆场进行布置，并考虑到土方运输、消防等的需要。

主要车道宜采用双向车道，宽度不小于6 m；次要车道可为单车道，宽度不小于3.5 m。

（5）布置行政及生活临时设施。根据施工人数计算临时设施及建筑面积，尽量利用现有设施。办公区、生活区与生产区应分开布置。

① 房屋名称(需要的建筑面积)：办公室(3～4 m^2/人)；宿舍，单层床(3.5～4 m^2/人)，双层床(2～2.5 m^2/人)；食堂(0.5～0.8 m^2/人)；浴室(0.07～0.1 m^2/人)；门卫(6～8 m^2/人)；开水房(10～40 m^2/人)；厕所(0.02～0.07 m^2/人)。

② 办公室宜靠近施工现场，布置在工地出入口处；门卫布置在工地出入口处；宿舍应在安全的上风向；食堂宜在生活区。

（6）布置临时水电管网：应经过计算、设计，然后设置。

① 临时供水规划包括：选择水源、取水设施、储水设施、总用水量计算、管径计算、配置临时给水系统。

② 临时供电规划包括：计算总用电量、选择电源、电力系统的选择和配置。施工工地的总用电量包括动力用电和照明用电；一班制施工时，最大用电负荷量以动力用电为准，不考

虑照明用电。

总用电量为施工用电总功率的1.05～1.1倍。各类设备功率之和分别乘该类设备的利用系数为该类设备总功率，电动机还需除以平均功率因数，一般取0.65～0.75。各类设备总功率之和为施工用电总功率。

设备利用系数分别为：电动机：3～10台(0.7)，11～30台(0.6)，30台以上(0.5)；电焊机：3～10台(0.6)，10台以上(0.5)；室内照明(0.8)；室外照明(1.0)。

3. 施工现场平面图举例

【例11-1】 绘制附录中六层宿舍楼施工现场平面图。

平面布置应力求科学、合理，充分利用有限的场地资源，最大限度地满足施工需要，确保既定的质量、工期、安全生产、文明施工四大目标的实现。宿舍楼施工现场平面图如图11-1所示。根据现场平面布置图和现场的实际情况，按场地内原来的排水坡向，对场地进行平整，修筑宽3.5 m现场临时道路。现场路基铺100 mm厚砂夹石，压路机压实，路面浇100 mm厚C15混凝土，纵向坡高2%。为了保证现场材料堆放有序，堆放场地将进行硬化处理，即钢筋、模板、砂石料、砖、周转料场等浇成一块面积较大的混凝土场地。材料尽可能按计划分期、分批、分层供应，以减少二次搬运。主要材料的堆放，应严格按照《施工现场平面布置图》确定的位置堆放整齐。

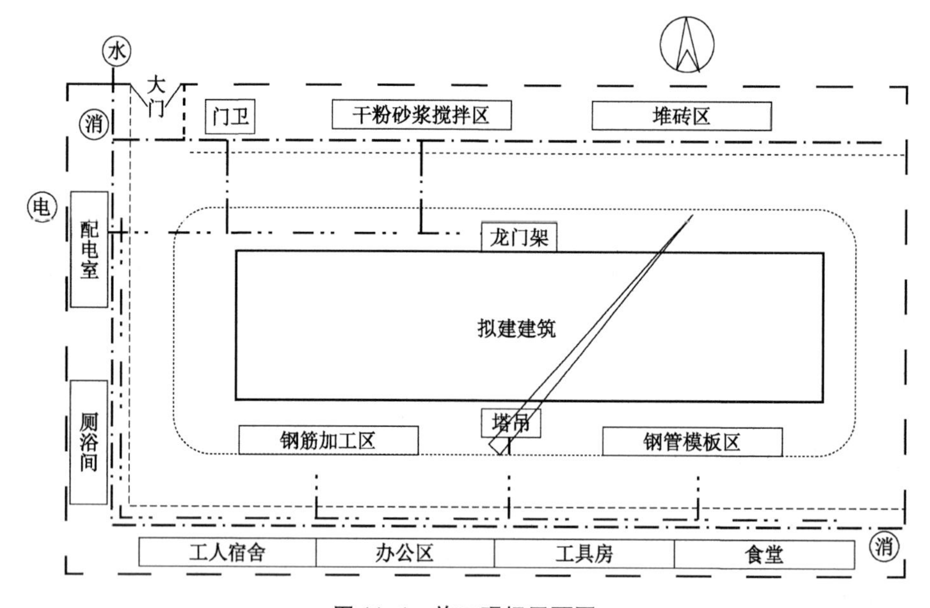

图11-1 施工现场平面图

11.5 实训成果评价

1. 评定依据

(1) 实训期间的出勤表现(30%)。

(2) 实训上交资料(20%)。

(3) 实训期间职业能力(50%)。

2. 能力评价标准

成绩按“优、良、及格、不及格”四档评定并记入学生成绩档案,不及格不予补考。

1) 优秀标准

(1) 能很好地完成任务书规定的工作量,实训报告符合规范化要求。

(2) 实训报告内容全面、合理,理论分析与计算正确,数据可靠。

(3) 实训报告结构严谨,逻辑性强,层次清晰,陈述语言概念准确、流畅。

(4) 随机提问答辩正确。

(5) 学习态度认真,遵守纪律,不缺勤。

2) 良好标准

(1) 能较好地完成任务书规定的工作量,实习报告符合规范化要求。

(2) 实习报告内容全面、合理,理论分析与计算正确,数据可靠。

(3) 实习报告结构严谨,逻辑性强,层次清晰,陈述语言概念准确、流畅。

(4) 随机提问答辩正确。

(5) 学习态度认真,遵守纪律,偶有缺勤(2次以内)。

3) 及格标准

(1) 能按时完成任务书规定的工作量,实习报告基本符合规范化要求。

(2) 实习报告内容基本合理,计算数据大多数正确。

(3) 随机提问答辩能回答一部分。

(4) 学习态度尚可,遵守纪律,缺勤不超过3次。

4) 有以下情况之一者为不及格

(1) 不能按时完成任务书规定的工作量,实习报告不符合规范化要求。

(2) 实习报告内容不全,陈述语言表达差、不流畅,计算能力较差。

(3) 随机提问答辩不能回答。

(4) 学习态度不认真,纪律不强,缺勤超过3次。

11.6 思考题

(1) 施工平面图设计的一般步骤是什么?

(2) 单位工程施工平面图的设计原则是什么?

(3) 什么是施工平面布置?

(4) 简述施工总进度计划编制的步骤。

(5) 简述施工组织总设计的内容。

11.7 教学建议

教师在完成本期实训课程后，应进行反思：本次实训过程中学生对施工平面布置掌握的情况如何？在实训的过程中是否激发了学生的学习兴趣？在实训中是否培养了学生与人合作、交流、收集整理资料和动手的能力？同时，教师是否真正了解学生的学习情况，对于学生困惑的地方应该如何表达才能浅显易懂，这些都是需要教师反思的。

单元4

施工现场管理

单元概述

施工现场管理是工程项目管理的核心，也是确保建筑工程质量和安全文明施工的关键。对施工现场实施科学的管理，是树立企业形象、提高企业声誉、获取经济效益和社会效益的根本途径。

施工现场露天高空作业多，多工种联合作业，人员流动大，是事故隐患多发处，加强施工现场管理能有效降低事故发生率，加强工程操作的系统性推行。另外，在施工现场改善人、物、场所的结合状态，减少或消除施工现场的无效劳动，能减少施工材料的消耗，为施工企业节支增收。加强施工现场管理，提高合同履行率，能确立企业信誉，保证企业效益。施工现场管理是施工企业各项管理水平的综合反映，是整个施工企业管理的基础。

施工现场管理主要涉及现场文明施工、施工质量管理和施工安全管理等三大内容。

实训目标

掌握施工现场文明施工的内容，掌握施工质量管理和施工安全管理的内容，能够根据施工现场的文明施工情况、质量和安全情况分别作出评价，正确填写评分表；养成严谨、细致、认真的工作态度，为顶岗实习打下坚实基础。

教学重点

施工现场文明施工的内容，施工质量管理和施工安全管理的内容。

教学建议

本单元教学内容包含现场文明施工、施工质量管理和施工安全管理三部分内容。采用平时课间实训与集中实训相结合的教学方式。建议6学时完成这三个实训任务。实训按小组进行，4～5人一组，选组长一人，负责组内的实训分工和仪器管理。课程采用理论和实践相结合的方法，建议教师引导学生学习本章内容，有针对性地展开讨论，提高解决问题的能力和对知识的掌握能力。

任务 12　文明施工管理

12.1　实训目标

（1）掌握“八牌二图”的名称。

（2）掌握现场围挡及大门的设置要求。

（3）掌握施工道路及沉淀池的设置要求。

（4）掌握施工现场材料堆放要求。

（5）掌握安全通道、安全防护棚、楼层安全防护等设置要求。

（6）掌握施工现场临时用电的安全要求。

（7）熟悉消防箱及消防管网的设置要求。

（8）熟悉办公区的设置要求。

（9）熟悉生活区的设置要求。

（10）了解班前讲评台、宣传栏、茶水亭、临时厕所等的设置要求。

12.2　学习重点与难点

学习重点：“八牌二图”的名称、现场围挡及大门、施工道路及沉淀池、消防箱及消防管网、安全通道、安全防护棚、楼层安全防护等的设置要求；施工现场材料堆放要求。

学习难点：现场围挡及大门、施工道路及清洁池、消防箱及消防管网等的设置要求、施工现场材料堆放要求。

12.3　现场文明施工管理的原则

建筑工程施工现场是企业对外的“窗口”，直接关系到企业和城市的文明与形象。施工现场应当实现科学管理，安全生产，文明有序施工。

1. 现场文明施工管理的原则

(1) 抓好项目文化建设。

(2) 规范场容,保持作业环境整洁卫生。

(3) 创造文明有序安全生产的条件。

(4) 减少对居民和环境的不利影响。

2. 现场文明施工管理的基本要求

(1) 建筑工程施工现场应当做到围挡和大门及标牌的标准化,材料码放整齐化(按照平面布置图确定的位置集中码放),安全设施规范化,生活设施整洁化,职工行为文明化,工作生活秩序化。

(2) 建筑工程施工要做到工完场清、施工不扰民、现场不扬尘、运输无遗洒、垃圾不乱弃,努力营造良好的施工作业环境。

3. 现场文明施工管理的控制要点

(1) 施工现场出入口应标有企业名称或企业标识,主要出入口明显处应设置工程概况牌,大门内应设置施工现场总平面图和安全生产、消防保卫、环境保护、文明施工和管理人员名单及监督电话牌等制度牌。

(2) 施工现场必须实施封闭管理,现场出入口应设门卫室,场地四周必须采用封闭围挡,围挡要坚固、整洁、美观,并沿场地四周连续设置。一般路段的围挡高度不得低于1.8 m,市区主要路段的围挡高度不得低于2.5 m。

(3) 施工现场的场容管理应建立在施工平面图设计的合理安排和物料器具定位管理标准化的基础上,项目经理部应根据施工条件,按照施工总平面图、施工方案和施工进度计划的要求,进行所负责区域的施工平面图的规划、设计、布置、使用和管理。

(4) 施工现场的主要机械设备、脚手架、密目式安全网与围挡、模板、施工临时道路、各种管线、施工材料制品堆场及仓库、土方及建筑垃圾堆放区、变配电间、消火栓、警卫室、现场的办公、生产和临时设施等的布置,均应符合施工总平面图的要求。

(5) 施工现场的施工区域应与办公、生活区划分清晰,并应采取相位的隔离防护措施。施工现场的临时用房应选址合理,并应符合安全、消防要求和国家有关规定。在建工程内,严禁住人。

(6) 施工现场应设置办公室、宿舍、食堂、厕所、淋浴室、开水房、文体活动室、密闭式垃圾站(或容器)及盥洗设施等临时设施,临时设施所用建筑材料应符合环保、消防要求。

(7) 施工现场应设置畅通的排水沟渠系统,保持场地道路的干燥坚实,泥浆和污水未经处理不得直接排放。施工场地应硬化处理,有条件时,可对施工现场进行绿化布置。

(8) 施工现场应建立现场防火制度和火灾应急响应机制,落实防火措施,配备防火器材。明火作业应严格执行动火审批手续和动火监护制度。高层建筑要设置专用的消防水源和消防立管,每层留设消防水源接口。

(9) 施工现场应设宣传栏、报刊栏，悬挂安全标语和安全警示标志牌，加强安全文明施工宣传。

(10) 施工现场应加强治安综合治理和社区服务工作，建立现场治安保卫制度，落实好治安防范措施，避免失盗事件和扰民事件的发生。

12.4 现场文明施工管理的内容

1. 施工现场应在靠近大门显眼的位置设八牌二图。

(1) 八牌指企业简介牌、工程概况牌、安全生产六大纪律牌、十项安全技术措施牌、防火须知牌、安全记录牌、管理组织体系牌、市民卫生须知牌，如图 12-1 所示。二图指施工现场平面图布置图、工程进度计划网络图。

(2) 各项目部也可根据情况再增加其他牌图，如工程效果图。工程概况牌内容一般应写明工程名称、面积、层数、建设单位、设计单位、施工单位、监理单位、开工竣工日期、项目经理以及联系电话。

图 12-1 八牌示意图

2. 施工现场大门做法及标准

(1) 大门位置应选择交通方便能充分展示企业形象，起到最佳视觉效果的方位及施工现场主要进出口处。

(2) 工地大门一般采用高度为 2.4 m 的钢制铁门，面罩油漆，在门上写企业名称，在两侧写公司标语。大门宽度不小于 6 m，两侧门墩用 M7.5 砂浆砌筑，门墩尺寸为 800 mm×800 mm，高度为 3.98 m，外露的砖墙全部进行粉刷。

(3) 大门范围内区域均浇筑 C20 厚 150～200 mm 混凝土地面。

(4) 大门内侧设排水沟、沉淀池和汽车冲洗设备。

(5) 大门内侧边设置人员出入口，刷卡进出；设置保安室，配保安人员值班，制定值班制度并上墙。

(6) 大门口可设置欢迎牌、安全提示牌、导向牌等温馨提示牌。

3. 施工现场围墙做法及标准

(1) 按建设单位规定区域和施工现场平面图规划围墙，围墙不得超越红线。

(2) 围墙砌筑高度为 1.8 m 以上，沿街面(市内)高度 2.5 m，墙厚 240 mm。每隔 4 m 设护墙柱，不得采用空心砖或轻质隔墙，防止风雨季发生意外事故。

(3) 围墙应做砖或混凝土压顶，在压顶顶脊上每 4 m 设一个插旗孔；如需要在柱子安墙头灯(灯箱)，与插旗孔隔一错开。

(4) 施工现场外围墙必须由专业人员设计，围墙必须符合安全、文明施工的需要，不得随意降低围墙结构的质量。

(5) 围墙内外两侧应做粉刷或做广告布喷涂等。若做粉刷，表面层应有企业或当地政府的宣传标语。有条件的可绘制弘扬社会主旋律的宣传画或山水画等。

(6) 大门两侧外墙应正面书写公司简介、工程简介等。

4. 施工场地及道路标准

(1) 施工现场道路必须进行硬化处理，施工场地要求平整、坚实、有排水措施，能满足材料堆放及施工活动的进行。

(2) 施工现场的道路分为两种，施工主干道和次干道。主干道道路宽度为 6 m 以上，道路用 C20 混凝土浇筑形成，施工现场实行人车分离。次干道应设置 3.5 m 以上宽的循环路，无法循环时，应有车辆调头场地。

(3) 施工现场应设置沉淀池、排水沟，沉淀池为三级沉淀池，设置在大门口位置，沉淀池用盖板封住并刷黑黄油漆警示。

(4) 在施工车辆进入的主门口设置洗车排水槽，沟宽 150 mm，深 100 mm，两侧用 4 mm×4 mm 角铁固定，便于进行卫生清理，污水接入沉淀池，再用水泵抽出循环使用。

5. 施工现场材料堆放标准

(1) 大门处严禁堆放任何机具、材料，必须时刻保持大门口处的干净、整洁、美观。现场外临时堆放材料要码放整齐，符合要求，不得妨碍交通和市容。堆放散料必须有围挡，采用硬质材料围挡，围挡高度不得低于 120 cm。

(2) 各材料堆放区应分区管理，分区采用高度为 1.2 m 的栏杆，模板封闭，模板外侧刷油漆，模板中间书写企业名称字样。

(3) 施工现场露天存放的物资，必须按施工现场平面布置图指定区域码放整齐。钢材堆放台按统一要求制作，混凝土码放台截面大小为 200 mm×200 mm，分类间隔栏杆刷黄黑油漆，间距 200 mm，上挂材料“合格牌”。材料分规格码放整齐、稳固，做到一头齐、一条线。并按级别、强度代号、直径、实验状态标识清楚。钢筋等半成品必须有半成品堆放场地，码放整齐，分类清楚，上挂材料“合格牌”。

（4）水泥应置于室内，水泥库搭设应采用砖砌，水泥库设两道门，先进先用。有防潮、防雨措施，离地面架空不小于 10 cm，距墙面不小于 20 cm。按规定分类码放，并按品种、标号、厂家、出厂日期实验状态标识清楚。露天存放的水泥必须选择地势较高、干燥的场所，场地做好下垫上苫，垛底高 15～30 cm（临时存放垛底高 15 cm，存放期超过 10 天以上垛底必须高 30 cm），以免受潮。

（5）木材应按规格、长度分类码放，码放垛底高 10～20 cm，码放一头齐，按规格、品种、标识清楚，高度不超过 1.5 m。

（6）机制砖码放应成丁、成行，每丁 200 块，码放高度不得超过 1.5 m。砌块码放高度不得超过 1.8 m，按品种、强度等级实验状态标识清楚。

（7）砂、石和其他散料应成堆，堆场隔离挡板采用砖砌筑，高度为不大于 90 cm，界限清楚不得混料，并按产地、规格、实验状态标识清楚。

6. 安全通道、安全防护棚、楼层安全防护的搭设

（1）首层通道必须固定出入口通道，非通道均应封死，同时搭设防护棚，建筑物高度 20 m 以下时为 3.0 m×2.5 m，建筑物高度 20 m 以上时为 6.0 m×2.5 m，防护棚为上下两层，采用竹笆遮挡，间距不大于 0.6 m。安全通道两侧应封闭，出入口上方挂安全通道标志牌。

（2）木工棚、钢筋棚的安全防护棚做法

① 在塔吊半径以内必须采用双层防护，半径以外可采用单层防护；尺寸可根据现场条件确定，但形式不得随意改动，防护板上必须做防水处理。

② 钢管刷黑黄漆相间@100 mm，机械电缆必须采用埋地或穿钢管的形式进行保护。

③ 室内挂设的标识牌有：机械验收合格牌、机械操作牌、操作规程、卫生责任牌、公司统一标牌等。标牌的挂设高度为离地面 1.8 m。

④ 木工棚采用砖砌房，地面必须进行硬化。

⑤ 开关箱与机械的水平间距不得大于 3 m。

（3）砂浆机、混凝土搅拌机防护棚做法

① 上层防护板必须有防雨措施，并且根据现场排水情况做顺水坡。

② 出料口处需设沉淀池。

（4）配电箱的防护棚做法示意图：

① 防护棚四个角柱采用 40 mm×40 mm 方钢制作，框内为钢筋焊接，栅格的间距为 120 mm，为可拆装式，侧面与正背面连接处为扁钢制作，采用螺栓连接，以便多次重复使用。

② 基座砌砖台防护，10 cm 高，表面水泥砂浆抹面压光。

③ 围栏每隔 30 cm 刷一道黄黑相间油漆。

④ 围栏大小可根据现场大小按棚栏间距大小缩放。

⑤ 门的大小不得小于 60 cm，闸箱前后门均可以打开，并有操作人员空间。

⑥ 防护篷顶四周焊接角钢，上面铺设 50 mm 厚脚手板。

(5) 四口防护：楼梯口、电梯井口、预留洞口、通道口必须搭设安全防护或安全警示标志，第一根扫地杆离地面 60 cm，总高度为 1.2 m 高的防护栏杆，下设挡脚板高度为 20 cm，刷黄黑相间的油漆作为警示。

7. 施工现场临时用电的安全要求

(1) 在现场设置专用配电室，在施工作业中坚持“三级配电、二级保护”和“一机、一闸、一漏电”制度和照明、动力分别设置的原则。对于施工现场的配电线路，必须采用 TN-S 的接零保护系统，即：三相五线制的配电系统。

(2) 施工现场的每台用电设备都应该有自己专用的开关箱，箱内刀闸(开关)及漏电保护器只能控制一台设备，不能同时控制两台或两台以上的设备。

(3) 安全电压是为防止触电事故而采用的特定电源供电的电压系列，分为 42 V，36 V，24 V，12 V，6 V 五级，根据不同的作业条件，选用不同的安全电压。

(4) 施工现场室内的照明线路与灯具的安装高度不得低于 2.4 m。

(5) 总、分电箱必须设置接地零线。施工用电架设好后，必须经过电阻测试，验收后方可投入使用，并且做好日常检查维护工作并且形成纪录。

12.5　实训成果评价

按照表 12-1 要求进行文明施工检查评价。

表 12-1　　文明施工检查评分表

工程名称：________________

序号	检查项目		权重	评价项目	得分
1	现场布置与警示标牌标语		4	1. 现场实际布置与平面布置图一致，布置合理不混乱(2′)； 2. 安全警示牌、宣传条幅等设置醒目，有安全生产、文明施工宣传气氛(2′)	
2	工地外貌(10 分)	大门、围墙欢迎牌图	10	1. 大门及门柱统一按照格式(甲方要求除外)执行(2′)； 2. 大门两侧设置统一公司概况信息和欢迎图牌(2′)； 3. 大门口按规定设置标准的车辆冲洗设备设施(2′)； 4. 围墙按照统一格式设置，无开裂、整洁无小广告(2′)； 5. 十牌二图采用标准格式要求制作(2′)	

（续表）

序号	检查项目		权重	评价项目	得分
3	办公区（8分）	办公室	8	1. 办公楼活动板房栏杆上挂设统一格式的质量方针标语(2′)； 2. 会议室图牌按统一格式要求挂设(2′)； 3. 办公室门牌及办公室内挂设图牌统一使用标准格式(2′)； 4. 工地设置宣传栏，内容及时更新(2′)	
4	施工区（48分）	交通畅通、绿色节能环保	10	1. 道路通畅，现场有场地条件的进行合理的绿化设置，裸土进行覆盖(2′)； 2. 建筑物四周、主要道路、堆放建筑材料处做硬化处理(2′)； 3. 现场无大面积积水，临时给水管线无滴漏及无长流水现象(2′)； 4. 场地四周设置排水沟，排水做三级沉淀处理，标识清楚(2′)； 5. 干粉砂浆筒进行有效防尘封闭围护(2′)	
		可视化管理图牌及材料堆放	8	1. 材料分区管理，堆放整齐，有防护措施，标识、标牌清晰(2′)； 2. 综合仓库设货架，分类摆放，挂设标签，库内整洁，行走道路畅通(2′)； 3. 机械设备及安全设施验收合格牌齐全标准规范(2′)； 4. 栋号及楼层、楼体标识设置规范整齐统一(2′)	
		休息茶水亭	2	1. 现场设置茶水(吸烟)亭，挂设图牌(1′)； 2. 茶水亭茶水桶有茶水正常使用，茶水桶有盖且加锁(1′)	
		加工防护棚	6	1. 木工加工棚按照标准要求封闭设置，并挂设统一标语(3′)； 2. 钢筋加工棚按照标准要求设置，并挂设统一标语(3′)	
		标准化、定型化、工具化应用	18	1. 电梯井防护门(3′)； 2. 施工电梯口(物料提升机)防护门(3′)； 3. 全通道(3′)； 4. 楼梯及临边防护栏杆(3′)； 5. 卸料钢平台(3′)； 6. 塔吊基础周边防护(3′)	
		分包班组库房危险品仓库	4	1. 危险品仓库与其他库房不相连，设置符合安全要求(2′)； 2. 其他分包班组材料库房搭设整齐统一，标示明确(2′)	

（续表）

序号	检查项目		权重	评价项目	得分
5	生活区（30 分）	宿舍	8	1. 生活区整洁卫生，无排水不畅、有黑臭积水及随地便溺现象（2′）； 2. 宿舍内生活设施齐全，摆设整齐，张贴工地宿舍管理一览表（2′）； 3. 宿舍内配备个人物品存放柜，脸盆架及桌凳的（2′）； 4. 宿舍内线路乱接乱拉，有使用大功率电器现象（2′）	
		食堂	8	1. 食堂办理卫生许可证、操作人员办理健康体检证明且有效（2′）； 2. 设单独操作间、换衣间、储藏间，卫生条件好、无油垢和无残渣等（2′）； 3. 有防蝇、防蚊、防鼠措施，排烟措施到位（2′）； 4. 食物生熟分开盛放，有 24 h 留样及记录，菜价有公示（2′）	
		浴室	4	1. 浴室地面铺设地砖，根据职工人数设置相应数量的喷淋头（2′）； 2. 配设与浴室规模匹配的物品架及衣柜（2′）	
		厕所	4	1. 厕所有冲洗设备，干净、整洁、无异味（2′）； 2. 厕所铺设地砖和墙裙，高层建筑施工时设置移动厕所（2′）	
		其他设施	6	1. 民工学校（2′）； 2. 职工活动室（2′）； 3. 医务室（2′）	
合计			100	总得分：	

检查人员：________________ 日期：________年____月____日。

（1）应按汇总表的总得分和分项检查评分表的得分，对建筑施工安全检查评定划分为优良、合格、不合格三个等级。

（2）建筑施工安全检查评定的等级划分应符合下列规定：

优良：分项检查评分表无零分，汇总表得分值应在 80 分及以上。

合格：分项检查评分表无零分，汇总表得分值应在 80 分以下，70 分及以上。

不合格：①当汇总表得分值不足 70 分时；②当有一分项检查评分表得零分时。

当建筑施工安全检查评定的等级为不合格时，必须限期整改达到合格。

12.6　思考题

（1）“八牌二图”主要具体指哪些？

（2）简述施工现场围挡及大门的做法。

（3）简述施工道路及沉淀池的做法。

（4）施工现场材料堆放具体有哪些要求？

（5）简述安全通道、安全防护棚、楼层安全防护等具体做法。

（6）施工现场临时用电在安全方面有哪些要求？

12.7 教学建议

由于本节内容在实训中较难完全体现，但在施工现场却是很重要的内容。教师在本节实训课结束时应进行反思，是否设计探究性实训内容，让学生自己去分析、研究，从而获取知识培养技能？通过评分表的形式是否能让学生完全掌握文明施工的内容？如何能够以更好的形式让学生参与该部分教学内容？这些是值得今后实训中研究的问题。

任务 13　施工质量管理

13.1　实训目标

(1) 掌握模板工程主要质量通病防治。

(2) 掌握钢筋工程主要质量通病防治。

(3) 掌握混凝土工程主要质量通病防治。

(4) 掌握砌体结构外墙面渗漏水质量问题防治。

(5) 掌握砌体结构外门窗洞口接缝处渗漏水质量问题防治。

(6) 掌握砌体结构卫生间渗漏水质量问题防治。

(7) 掌握砌体结构砌筑工程常见质量问题检查。

(8) 熟悉砌体结构抹灰工程常见质量问题检查。

13.2　学习重点与难点

学习重点:砌体结构砌筑工程常见质量问题检查;模板工程、钢筋工程、混凝土工程主要质量通病防治。

学习难点:砌体结构外墙面渗漏水、外门窗洞口接缝处渗漏水、卫生间渗漏水质量问题防治。

13.3　施工质量管理概述

建筑工程分为 10 个分部,分别为地基与基础、主体结构、建筑装饰装修、屋面、建筑给水排水及供暖、通风与空调、建筑电气、智能建筑、建筑节能、电梯等。而混凝土结构和砌体结构属于主体结构分部工程中的子分部工程。在混凝土子分部工程中又可分为模板工程、钢筋工程、混凝土工程等分项工程;在砌体子分部工程中又可分为砖砌体、混凝土小型空心砌块砌体、填充墙砌体等分项工程。

13.4 施工质量管理内容

13.4.1 模板工程

模板工程质量保证措施及主要质量通病的防治要点有：

(1) 所有梁、柱、墙均有翻样给出模板排列图和排架支撑图，经项目工程师审核后交班组施工，特殊部位应增加细部构造大样图。

(2) 柱子根部不得使用混凝土“方盘”，而采用“井”字形、“T”字形钢筋限位，限位筋直径≥12 mm。

(3) 剪力墙分上、中、下三个位置设置模板撑铁，固定模板位置、尺寸为墙厚−2 mm。

(4) 模板使用前，对变形、翘曲超出规范的应即刻退出现场，不予使用，模板拆除下来，应将混凝土残渣、垃圾清理干净，重新刷隔离剂。

(5) 在板、墙模板底部均考虑垃圾清理孔，以便将垃圾冲洗排出，浇灌前再封闭。

(6) 模板安装完毕后，应由专业人员对轴线、标高、尺寸、支撑系统、扣件螺栓、拉结螺栓进行全面检查，浇筑混凝土过程中应有技术好、责任心强的木工“看模”，发现问题及时报告施工组、技术组。测量组在浇筑前进行垂平标高轴线位移全面检查，浇筑时全面跟踪，对浇筑形成的质量缺陷及时纠正(如垂平、层高)，拆模后垂平数字上墙。

(7) 所有楼板、墙板内的孔洞模必须安装正确，并作加固处理，防止混凝土浇筑时冲动、偏位。

(8) 模板在厂家验收时，严格按加工技术要求和方案验收，验收合格后方可进场。

(9) 支模前沿墙外皮线通长贴海绵条，防止大模漏浆。上层施工时，沿装饰带通长粘贴5 mm厚橡胶皮，确保外墙观感。

(10) 每次合模前必须对搭边槽进行检查，避免混凝土面出现错台。

(11) 将角模连接与加固作为重点，由专职质检员全部检验，严格控制角模质量。所有角模处均应加设撑铁，并至少设3道拉结；阳角处必须加设两道钢管斜撑。

(12) 门窗口模板除了采用水平支撑，还需在内侧加设45°斜撑，确保刚度。

(13) 严格执行同条件试块混凝土强度达标制度，不达到强度不得拆模。

(14) 轴线偏位的预防措施：

① 模板轴线放线后，由专人进行技术复核；

② 柱模板顶部和根部均用钢筋焊接限位；

③ 支模板时拉水平、竖向通线，并设竖向总垂直度控制线，以保证模板竖向、水平位置的准确；

④ 浇筑混凝土时，要对称下料。

(15) 模板标高偏差的预防措施：

① 每层楼设标高控制点，竖向模板根部须找平；

② 模板顶部设标高标记，严格按标记施工。

13.4.2　钢筋工程

钢筋工程质量保证措施及主要质量通病的防治要点有：

(1) 楼板上所有电气管线必须在楼板底层筋铺设后安装，楼板底面混凝土保护层达到设计和规范要求。

(2) 柱、剪力墙、梁、板的钢筋保护层垫块必须放置到位。

(3) 钢筋在施工过程中，派专人对钢筋规格、品种、间距、尺寸、根数、搭接位置与长度进行复核验收。不符合之处应及时派人整改直至合格。

(4) 柱子的竖向主筋与模板间应有相应的加固措施，用井字架筋内撑法保证主筋到位。以免混凝土浇筑时冲动柱主筋，从而保证立柱的轴线正确。

(5) 钢筋工程属于隐蔽工程，在浇筑混凝土前，应对钢筋及预埋件，插筋进行验收，并作好隐蔽工程记录。

(6) 在混凝土浇筑过程中，派专人“看筋”，如发现松动、移位、保护层不符合要求均应及时修整。

(7) 因楼板配筋直径不大，且部分为圆钢，所以在浇筑混凝土时，钢筋容易移位变形，为避免以上现象，混凝土浇筑过程中，定岗定部位派人检查、返修平板钢筋，特别注重对平板上皮钢筋保护层的控制。

(8) 模板内下部受力钢筋伸入支座的锚固长度(除设计图中注明的外)：在边支座不小于 $5d$(d 为钢筋直径)且不小于 100 mm；在中间支座伸至支座中心。Ⅰ级钢筋端部作成弯钩。

(9) 一层内，同一根柱子钢筋不得有两个接头，梁内纵向受力钢筋的搭接和接头允许位置严格按设计和规范要求。

(10) 等高框架梁节点主次梁断面等高时以及井字梁的配筋应保证主梁(井字梁为跨度小方向梁)的主筋位置，悬挑梁主筋放于其他梁筋之上，四边支承的钢筋，上部钢筋短跨方向在上，下部钢筋短跨方向在下。

(11) 悬挑梁的主筋位置一定要准确，保护层防止超厚，主筋锚固要可靠。

(12) 钢筋规格严格按设计采用，框架梁及柱的钢筋直径不得随意变动，钢筋代换应征得设计单位的同意。

(13) 落实专人复核砖墙拉接筋的留设。

(14) 不准将定位钢筋或套管直接焊在受力主筋上，如必须采用焊接时，可在此部位加附加箍筋，将其焊接在附加箍筋上。

(15) 定位钢筋要定位标准到位，外露部位要打磨平，且端头须刷防锈漆。

(16) 钢筋绑扎时，不准用单向扣，并注意绑扎扣端头要朝向构件内，以防今后在混凝土面产生锈蚀。各受力钢筋之间的绑扎接头位置应相互错开 1.3 倍的搭接长度(以绑扎接头中心距离为准）。

（17）钢筋的保护层偏大或偏小及楼板上筋下踏的预防措施：

① 按施工图纸在上下排钢筋之间放置撑钩；

② 严禁在细小钢筋上乱踩，混凝土浇筑时，发现钢筋被踩下，应及时纠正。

（18）钢筋骨架歪斜的预防措施：

① 加强钢筋骨架成型后的保护措施；

② 严格按设计要求设置附加构造钢筋和箍筋，以改善钢筋骨架的牢靠程度。

13.4.3 混凝土工程

混凝土工程质量保证措施主要有：

1. 优化配合比设计，降低水泥水化热

（1）采用普通水泥掺加矿渣粉，降低水泥水化热。

（2）通过计算比较，控制水泥每立方米用量。

（3）控制水灰比：水灰比应小于 0.6，同时采用减水剂保证坍落度。

（4）采用掺合料：内掺约为水泥用量 10%的粉煤灰。

（5）骨料：采用碎石和中砂，严格控制含泥量。含泥量控制在砂≤3%，石子≤1%。

（6）外加剂：掺加膨胀抗裂剂，在保证混凝土和易性前提下减少单位用水量，缓凝时间控制在 10 h。

2. 浇筑措施

筏板基础混凝土分层连续浇筑，严格控制分层厚度，每层厚小于 500 mm，不形成施工缝，以利于温度应力的均匀分布；标准层按要求浇捣顺序，一次成型，不形成施工缝，注意连续浇筑，避免出现冷缝。

（1）采用商品混凝土，保证混凝土质量的稳定均匀。

（2）严格控制坍落度，保证混凝土施工需求前提下，降低水灰比。

3. 养护覆盖措施

（1）为降低混凝土的内外温差，尽可能防止因外界气温变化造成混凝土内外温差超标。底板混凝土采用覆盖保湿保温的养护方法。

（2）混凝土在浇筑后初凝前用木抹槎平压实两次。

4. 其他

（1）各级施工人员配合材料部门严格对商品混凝土及相关材料的进场把关。

（2）各级施工人员配合工长及质量员对工程使用混凝土的质量及内业资料严格把关。

（3）所有混凝土运输车进场必须带小票，所运输混凝土从出罐到入模时间严格控制在 2 h 以内。

（4）严格控制水灰比，严格要求每罐测试一次，严禁在混凝土内任意加水。质量员、试验员随时对现场混凝土进行抽检，不合格的坚决不用。

（5）混凝土分层厚度在竖向马凳准确划样，确保分层浇筑要求。

（6）主管工长在施工前除对施工班组进行书面交底外，还应在现场对施工班组进行口头交底，确保技术要求落实到劳务层。

（7）每罐混凝土随车小票必须认真签字收验，做好混凝土的进场时间、浇筑时间、浇筑完时间的记录。

13.4.4 砌体工程

砌体工程的质量保证措施有：

（1）砌块的品种、强度等级必须符合设计要求，并应规格一致，砌筑砂浆采用机械拌合，拌合时间从投料完成算起，不得少于 1.5 min。严格控制砂浆的配合比及和易性，确保砂浆强度，并按规范做好砂浆强度试块。

（2）砌块应提前一天或隔夜（视天气情况而定）浇水湿润，要求空心砌块含水率为 10%～15%，同时也要避免砖浇水过湿而使砖不能吸收砂浆中的多余水分，影响砂浆的密实性，强度和粘结力。施工中可将砖切断，看其周围的吸水深度，达到 10～20 mm 即认为合格。灰砂砖含水率可适当减少，宜为 5%～8%。

（3）在施工时，应特别注意砖墙拉接筋的留设，砖墙拉接筋锚入柱内的长度应严格按设计要求及规范留设。

（4）每层砌砖工作大面积展开前，先由技术好的工人砌样板墙，由班组长对每个砌砖人员进行现场指导后，再大面积展开砌砖工作。

（5）砌砖时，由项目质量员、班组质量员跟踪检查砖墙的平整度、垂直度，若质量不符合要求，及时推倒返工。

（6）砂浆的厚度、饱满度主要用眼看、尺量检查，确保砂浆饱满度、厚度在规范要求内，检查应及时，发现有偏差，及时返工。

13.4.5 墙面防水工程

外墙面渗水的防治措施有：

1. 造成外墙面渗水的主要种类有：

（1）混凝土墙体裂缝造成的渗水。

（2）混凝土墙体浇筑不密实造成的渗水。

（3）框架填充外墙的渗水。

（4）外粉刷施工质量问题引起的渗水。

（5）预留洞修补不当造成的渗水。

(6) 外墙窗口接缝处渗水。

2. 防治外墙面渗水问题的管理方式:

(1) 在图纸会审阶段,我们将充分参照以往的施工经验,与设计单位详细周密地探讨外墙的防水设计,防患于未然。

(2) 严格把好材料质量关,特别重视控制混凝土及现场砂浆的拌制质量。

(3) 严格把好人员素质关,选择本公司优秀的专业队伍进行施工。

(4) 严格把好施工质量关,严格按照施工验收规范、质量标准、有关工程质量的地区规定和设计图纸的要求,认真制定防治外墙渗水这一质量通病的措施,精心组织、精心施工,确保每一个施工的环节都经得起检查、经得起时间的考验。

(5) 严格把好监督验收关,质量员进行 24 h 现场监督,加强过程控制,严格检查验收,坚决做到上道工序未经验收合格不进行下道工序的施工。

3. 防治外墙面渗漏的技术措施

墙体渗漏依其所处位置的不同而采取相应的预防措施,主要有以下五方面:

1) 砖砌外墙渗漏的预防措施

(1) 保证砖与砂浆的配制符合设计与施工规范的要求。

(2) 砖提前浇水湿润,含水率宜为 10%~15%,不得使用干砖砌筑工程。

(3) 砌墙时,应满铺砂浆的操作方法,铺浆长度不得超过砌体 1 m,竖向灰缝宜采用挤浆法或加浆法,严禁用水冲浆灌缝。水平灰缝的砂浆饱满度不低于 80%。

(4) 外墙装饰时,应用 1:3 水泥砂浆分三次打底,完工后作淋水试验,发现有渗漏及时返工。

2) 外墙门窗四周渗水预防措施

详见门窗洞口渗漏水的防治措施。

3) 外墙的预留洞口后补处渗漏水预防措施

(1) 清除预留洞内的砂浆及垃圾,充分洒水湿润,洞口内壁刷 1:3 水泥砂浆,厚度 3~5 mm。

(2) 补洞所用砖块应提前浇水湿润,表面抹 1:3 水泥砂浆,厚度约 30 mm,务必使砖表面砂浆与预留洞砂浆结合紧密。

(3) 外墙预留洞口补砖后的凹进处,应用 1:2 水泥砂浆分层抹平。

(4) 混凝土墙体的模板对拉螺杆孔必须用防水砂浆在打粉刷基层前分次修补嵌填密实。

4) 外墙上管卡及锚件固定处的渗漏预防措施

管卡脚处开洞处应开宽 5 mm、深 20 mm 的缝隙,清除垃圾后嵌填防水油膏。其他孔隙在垃圾清除后洒水湿润,用 1:3 水泥砂浆分层填塞密实。

5) 外墙面抹灰起壳裂缝引起渗水的预防措施

(1) 外墙抹灰前,墙面清理干净;隔夜将墙面湿润,保证抹灰层与砖墙间有良好的粘结性能。

(2) 砂浆标号、粉刷层厚度做到符合设计与规范要求,严格控制每层砂浆的涂抹厚度,一般不超过 5~7 mm,涂抹时必须平整并挤压密实。

(3) 避免在雨天或炎热阳光暴晒下作业。

13.4.6 卫生间防水工程

卫生间渗漏的防治措施有:

(1) 派专人负责卫生间的防水施工,选派经验丰富、工作认真的施工人员上场施工,施工前认真进行技术交底,明确各操作步骤,应达到的质量标准,严格检查每道工序,严格把关,让每个工序都符合要求,不合格的坚决返工。

(2) 把好砌墙关。对于采用内填充墙的结构,由于采用混凝土空心砌块,难以阻止水的渗透,因此使用这类砖砌墙时,底三皮一定要用实心灰砂砖。砌筑前地面要打扫干净,剔除松散混凝土面及砂浆块,湿润基层后再铺上砂浆,砌上实心砖。砌筑时注意灰缝饱满度,保证灰缝密实,砂浆和易性要好,同时严禁干砖砌筑,干砖应隔夜浇水。

(3) 把好堵洞关。卫生间的渗漏 80%以上都出现在管洞根部地漏处,因此要充分重视堵洞关。我们把地漏作为关键部位处理,严格把关。

(4) 堵管洞要选在立管或地漏安装完毕后,且管子在地漏高度位置处已校验合格,不可堵未经校正好的管子,避免管子重复移位而造成渗漏。

(5) 堵洞前要先把孔洞四周的混凝土剔毛,凿去灰浆及浮石,剔去盒子口边高出的沿子,并用水冲洗干净。

(6) 将上下两层的立管用木楔固定住,防止跑模移位。

(7) 用木模吊模,对有套管的管子要将套管调整好位置、标高,套管顶部高出地面的高度要符合要求,套管底部与板底平。

(8) 将套管或管子外壁及预留洞壁满刷水泥浆,并用 10～20 mm 厚的 1∶2 水泥砂浆将洞边捣实。

(9) 将 C20 细石混凝土灌入模内,混凝土表面比洞口低 20 mm,同时用小铁棍轻轻插捣密实,24 h 不准碰动并养护 1～2 d。

(10) 拆模后将吊模用的铅丝从根部剪去,防止锈蚀后水沿铅丝渗漏,铅丝头用水泥砂浆抹平,待其硬化后用油膏满嵌一层或刷防水涂料一道,要涂刷均匀,然后再用 1∶2 水泥砂浆将洞口抹平。

(11) 堵洞完毕后第 3 天,将管洞边围堰,做蓄水试验,24 h 不渗不漏无阴湿现象,则表明堵洞合格,予以通过,否则返工重做。蓄水试验要逐间进行检查、验收,并做记录、分析、统计。

13.5 实训成果评价

结合项目施工进度,完成混凝土实测实量记录表(表 13-1)、砌体工程实测实量记录表(表 13-2)、抹灰工程实测实量记录表(表 13-3)等质量评定记录表。

表 13-1　　　　　　　　　　混凝土实测实量记录表

项目名称：________________　检查部位：________________

检查项目	检查内容	计算点数	检点标准		数据记录										不合格点	不合格率
					1	2	3	4	5	6	7	8	9	10		
混凝土工程	截面尺寸	60	[－5，8]mm													
	表面平整度	60	[0，8]mm													
	垂直度	60	[0，8]mm													
	顶板水平度	30	[0，15]mm	测量数据记录												
				极差												
				测量数据记录												
				极差												
	楼板厚度	30	[－5,8]mm													

检查人员：________________　日期：________________。

表 13-2　　　　　　　　**砌体工程实测实量记录表**

项目名称：________________　　检查部位：________________

<table>
<tr><td rowspan="2">检查项目</td><td rowspan="2">检查内容</td><td rowspan="2">计算点数</td><td rowspan="2" colspan="2">检点标准</td><td colspan="10">数据记录</td><td rowspan="2">不合格点</td><td rowspan="2">不合格率</td></tr>
<tr><td>1</td><td>2</td><td>3</td><td>4</td><td>5</td><td>6</td><td>7</td><td>8</td><td>9</td><td>10</td></tr>
<tr><td rowspan="39">砌体工程</td><td rowspan="6">表面平整度</td><td rowspan="6">60</td><td rowspan="6" colspan="2">[0，5]mm</td><td></td><td></td><td></td><td></td><td></td><td></td><td></td><td></td><td></td><td></td><td rowspan="6"></td><td rowspan="6"></td></tr>
<tr><td></td><td></td><td></td><td></td><td></td><td></td><td></td><td></td><td></td><td></td></tr>
<tr><td></td><td></td><td></td><td></td><td></td><td></td><td></td><td></td><td></td><td></td></tr>
<tr><td></td><td></td><td></td><td></td><td></td><td></td><td></td><td></td><td></td><td></td></tr>
<tr><td></td><td></td><td></td><td></td><td></td><td></td><td></td><td></td><td></td><td></td></tr>
<tr><td></td><td></td><td></td><td></td><td></td><td></td><td></td><td></td><td></td><td></td></tr>
<tr><td rowspan="6">垂直度</td><td rowspan="6">60</td><td rowspan="6" colspan="2">[0，5]mm</td><td></td><td></td><td></td><td></td><td></td><td></td><td></td><td></td><td></td><td></td><td rowspan="6"></td><td rowspan="6"></td></tr>
<tr><td></td><td></td><td></td><td></td><td></td><td></td><td></td><td></td><td></td><td></td></tr>
<tr><td></td><td></td><td></td><td></td><td></td><td></td><td></td><td></td><td></td><td></td></tr>
<tr><td></td><td></td><td></td><td></td><td></td><td></td><td></td><td></td><td></td><td></td></tr>
<tr><td></td><td></td><td></td><td></td><td></td><td></td><td></td><td></td><td></td><td></td></tr>
<tr><td></td><td></td><td></td><td></td><td></td><td></td><td></td><td></td><td></td><td></td></tr>
<tr><td rowspan="9">门窗洞口尺寸</td><td rowspan="9">30</td><td rowspan="9">[-5，5]mm</td><td rowspan="2">数据记录</td><td></td><td></td><td></td><td></td><td></td><td></td><td></td><td></td><td></td><td></td><td rowspan="9"></td><td rowspan="9"></td></tr>
<tr><td></td><td></td><td></td><td></td><td></td><td></td><td></td><td></td><td></td><td></td></tr>
<tr><td>偏差</td><td></td><td></td><td></td><td></td><td></td><td></td><td></td><td></td><td></td><td></td></tr>
<tr><td rowspan="2">数据记录</td><td></td><td></td><td></td><td></td><td></td><td></td><td></td><td></td><td></td><td></td></tr>
<tr><td></td><td></td><td></td><td></td><td></td><td></td><td></td><td></td><td></td><td></td></tr>
<tr><td>偏差</td><td></td><td></td><td></td><td></td><td></td><td></td><td></td><td></td><td></td><td></td></tr>
<tr><td rowspan="2">数据记录</td><td></td><td></td><td></td><td></td><td></td><td></td><td></td><td></td><td></td><td></td></tr>
<tr><td></td><td></td><td></td><td></td><td></td><td></td><td></td><td></td><td></td><td></td></tr>
<tr><td>偏差</td><td></td><td></td><td></td><td></td><td></td><td></td><td></td><td></td><td></td><td></td></tr>
<tr><td rowspan="9">门窗洞口标高</td><td rowspan="9">30</td><td rowspan="9">[-5，10]mm</td><td rowspan="2">数据记录</td><td></td><td></td><td></td><td></td><td></td><td></td><td></td><td></td><td></td><td></td><td rowspan="9"></td><td rowspan="9"></td></tr>
<tr><td></td><td></td><td></td><td></td><td></td><td></td><td></td><td></td><td></td><td></td></tr>
<tr><td>偏差</td><td></td><td></td><td></td><td></td><td></td><td></td><td></td><td></td><td></td><td></td></tr>
<tr><td rowspan="2">数据记录</td><td></td><td></td><td></td><td></td><td></td><td></td><td></td><td></td><td></td><td></td></tr>
<tr><td></td><td></td><td></td><td></td><td></td><td></td><td></td><td></td><td></td><td></td></tr>
<tr><td>偏差</td><td></td><td></td><td></td><td></td><td></td><td></td><td></td><td></td><td></td><td></td></tr>
<tr><td rowspan="2">数据记录</td><td></td><td></td><td></td><td></td><td></td><td></td><td></td><td></td><td></td><td></td></tr>
<tr><td></td><td></td><td></td><td></td><td></td><td></td><td></td><td></td><td></td><td></td></tr>
<tr><td>偏差</td><td></td><td></td><td></td><td></td><td></td><td></td><td></td><td></td><td></td><td></td></tr>
<tr><td rowspan="9">房间方正度</td><td rowspan="9">30</td><td rowspan="9">[-0，10]mm</td><td rowspan="2">数据记录</td><td></td><td></td><td></td><td></td><td></td><td></td><td></td><td></td><td></td><td></td><td rowspan="9"></td><td rowspan="9"></td></tr>
<tr><td></td><td></td><td></td><td></td><td></td><td></td><td></td><td></td><td></td><td></td></tr>
<tr><td>偏差</td><td></td><td></td><td></td><td></td><td></td><td></td><td></td><td></td><td></td><td></td></tr>
<tr><td rowspan="2">数据记录</td><td></td><td></td><td></td><td></td><td></td><td></td><td></td><td></td><td></td><td></td></tr>
<tr><td></td><td></td><td></td><td></td><td></td><td></td><td></td><td></td><td></td><td></td></tr>
<tr><td>偏差</td><td></td><td></td><td></td><td></td><td></td><td></td><td></td><td></td><td></td><td></td></tr>
<tr><td rowspan="2">数据记录</td><td></td><td></td><td></td><td></td><td></td><td></td><td></td><td></td><td></td><td></td></tr>
<tr><td></td><td></td><td></td><td></td><td></td><td></td><td></td><td></td><td></td><td></td></tr>
<tr><td>偏差</td><td></td><td></td><td></td><td></td><td></td><td></td><td></td><td></td><td></td><td></td></tr>
</table>

检查人员：________________　　日期：________________。

表 13-3　　　　　　　　　　　**抹灰工程实测实量记录表**

项目名称：________________　　检查部位：________________

<table>
<tr><th rowspan="2">检查项目</th><th rowspan="2">检查内容</th><th rowspan="2">计算点数</th><th rowspan="2" colspan="2">检查标准</th><th colspan="10">数据记录</th><th rowspan="2">不合格点</th><th rowspan="2">不合格率</th></tr>
<tr><th>1</th><th>2</th><th>3</th><th>4</th><th>5</th><th>6</th><th>7</th><th>8</th><th>9</th><th>10</th></tr>
<tr><td rowspan="30">抹灰工程</td><td rowspan="6">表面平整度</td><td rowspan="6">60</td><td rowspan="6" colspan="2">[0，3]mm</td><td></td><td></td><td></td><td></td><td></td><td></td><td></td><td></td><td></td><td></td><td rowspan="6"></td><td rowspan="6"></td></tr>
<tr><td></td><td></td><td></td><td></td><td></td><td></td><td></td><td></td><td></td><td></td></tr>
<tr><td></td><td></td><td></td><td></td><td></td><td></td><td></td><td></td><td></td><td></td></tr>
<tr><td></td><td></td><td></td><td></td><td></td><td></td><td></td><td></td><td></td><td></td></tr>
<tr><td></td><td></td><td></td><td></td><td></td><td></td><td></td><td></td><td></td><td></td></tr>
<tr><td></td><td></td><td></td><td></td><td></td><td></td><td></td><td></td><td></td><td></td></tr>
<tr><td rowspan="6">垂直度</td><td rowspan="6">60</td><td rowspan="6" colspan="2">[0，3]mm</td><td></td><td></td><td></td><td></td><td></td><td></td><td></td><td></td><td></td><td></td><td rowspan="6"></td><td rowspan="6"></td></tr>
<tr><td></td><td></td><td></td><td></td><td></td><td></td><td></td><td></td><td></td><td></td></tr>
<tr><td></td><td></td><td></td><td></td><td></td><td></td><td></td><td></td><td></td><td></td></tr>
<tr><td></td><td></td><td></td><td></td><td></td><td></td><td></td><td></td><td></td><td></td></tr>
<tr><td></td><td></td><td></td><td></td><td></td><td></td><td></td><td></td><td></td><td></td></tr>
<tr><td></td><td></td><td></td><td></td><td></td><td></td><td></td><td></td><td></td><td></td></tr>
<tr><td rowspan="6">阴阳角方正</td><td rowspan="6">30</td><td rowspan="6" colspan="2">[0，3]mm</td><td></td><td></td><td></td><td></td><td></td><td></td><td></td><td></td><td></td><td></td><td rowspan="6"></td><td rowspan="6"></td></tr>
<tr><td></td><td></td><td></td><td></td><td></td><td></td><td></td><td></td><td></td><td></td></tr>
<tr><td></td><td></td><td></td><td></td><td></td><td></td><td></td><td></td><td></td><td></td></tr>
<tr><td></td><td></td><td></td><td></td><td></td><td></td><td></td><td></td><td></td><td></td></tr>
<tr><td></td><td></td><td></td><td></td><td></td><td></td><td></td><td></td><td></td><td></td></tr>
<tr><td></td><td></td><td></td><td></td><td></td><td></td><td></td><td></td><td></td><td></td></tr>
<tr><td rowspan="6">地平表面平整度</td><td rowspan="6">30</td><td rowspan="6" colspan="2">[0，3]mm</td><td></td><td></td><td></td><td></td><td></td><td></td><td></td><td></td><td></td><td></td><td rowspan="6"></td><td rowspan="6"></td></tr>
<tr><td></td><td></td><td></td><td></td><td></td><td></td><td></td><td></td><td></td><td></td></tr>
<tr><td></td><td></td><td></td><td></td><td></td><td></td><td></td><td></td><td></td><td></td></tr>
<tr><td></td><td></td><td></td><td></td><td></td><td></td><td></td><td></td><td></td><td></td></tr>
<tr><td></td><td></td><td></td><td></td><td></td><td></td><td></td><td></td><td></td><td></td></tr>
<tr><td></td><td></td><td></td><td></td><td></td><td></td><td></td><td></td><td></td><td></td></tr>
<tr><td rowspan="6">房间开间和进深偏差</td><td rowspan="6">30</td><td rowspan="6">[0，10]mm</td><td rowspan="2">测量数据记录</td><td></td><td></td><td></td><td></td><td></td><td></td><td></td><td></td><td></td><td></td><td rowspan="6"></td><td rowspan="6"></td></tr>
<tr><td></td><td></td><td></td><td></td><td></td><td></td><td></td><td></td><td></td><td></td></tr>
<tr><td>极差</td><td></td><td></td><td></td><td></td><td></td><td></td><td></td><td></td><td></td><td></td></tr>
<tr><td rowspan="3">测量数据记录</td><td></td><td></td><td></td><td></td><td></td><td></td><td></td><td></td><td></td><td></td></tr>
<tr><td></td><td></td><td></td><td></td><td></td><td></td><td></td><td></td><td></td><td></td></tr>
<tr><td></td><td></td><td></td><td></td><td></td><td></td><td></td><td></td><td></td><td></td></tr>
</table>

（续表）

检查项目	检查内容	计算点数	检查标准		数据记录										不合格点	不合格率
					1	2	3	4	5	6	7	8	9	10		
抹灰工程				极差												
				测量数据记录												
				极差												
	房间方正度	30	[0，6]mm	测量数据记录												
				极差												
				测量数据记录												
				极差												
				测量数据记录												
				极差												
	门窗洞口尺寸	30	[0，5]mm	测量数据记录												
				极差												
				测量数据记录												
				极差												
				测量数据记录												
				极差												

检查人员：______________　日期：______________。

评价注意事项：

(1) 应按汇总表的总得分和分项检查评分表的得分，对建筑施工安全检查评定划分为优良、合格、不合格三个等级。

(2) 建筑施工安全检查评定的等级划分应符合下列规定：

① 优良：分项检查评分表无零分，汇总表得分值应在80分及以上。

② 合格：分项检查评分表无零分，汇总表得分值应在80分以下，70分及以上。

③ 不合格：

a. 汇总表得分值不足70分；

b. 有一分项检查评分表得零分。

④ 当建筑施工安全检查评定的等级为不合格时，必须限期整改达到合格。

13.6 思考题

(1) 简述模板工程质量保证措施及主要质量通病的防治。

(2) 简述钢筋工程质量保证措施及主要质量通病的防治。

(3) 混凝土质量保证措施有哪些？

(4) 砌体工程质量保证措施有哪些？

(5) 外墙面渗水的防治措施有哪些？

(6) 卫生间渗漏的防治措施有哪些？

13.7 教学建议

《施工质量管理实务》是建筑工程技术专业学生必须掌握的核心课程，但限于条件，实训中不能完全模拟施工现场中存在的质量问题。在本节实训课结束时应进行反思，是否设计探究性实训内容，让学生自己去分析、研究，从而获取知识培养技能，学生是否能独立完成评分表的填写，是否能判断优良、合格、不合格的界限，探究性实训的内容可以取自课本，也可以来源于生活。同时，教师是否引入反思，让学生学会总结归纳也是十分重要的。此外，教师在指导和评价中要注意关注学生报告书写是否工整规范，报告内容数据是否来自实训、真实合理，阐述是否详细，实验结果分析是否合理，等等。

任务 14　施工安全管理

14.1　实训目标

（1）掌握施工现场安全管理的各项制度及安全生产检查。

（2）掌握模板工程安全控制要点。

（3）掌握钢筋工程安全控制要点。

（4）掌握现浇混凝土工程安全控制要点。

（5）掌握脚手架工程搭设及拆除安全控制要点。

（6）掌握高处作业安全控制要点。

（7）掌握施工用电安全控制要点。

（8）掌握机械设备的安全控制要点。

14.2　学习重点与难点

学习重点：现浇混凝土工程安全控制要点、脚手架工程搭设及拆除安全控制要点、高处作业安全控制要点、施工用电安全控制要点。

学习难点：施工用电安全控制要点、机械设备的安全控制要点。

14.3　施工安全生产方针

我国执行“安全第一，预防为主，综合治理”的安全生产方针，施工中要严格执行安全生产责任和建筑工程安全管理的基本制度以及建筑施工现场安全生产的基本要求。

施工现场常见的安全事故主要有基坑坍塌、高处坠落、机械伤害、触电、物体打击等。而施工安全管理主要就是在人的因素、物的因素、技术的因素、环境的因素等方面进行管理。

在安全管理中应明确各责任主体的安全职责，建筑施工企业应建立的基本安全管理制度有：

（1）安全生产责任制度。

（2）安全技术措施制度。

（3）专项施工方案及专家论证审查制度。

（4）安全技术交底制度。

（5）安全生产教育培训制度。

（6）安全事故应急救援制度。

（7）起重机械和设备设施验收登记制度。

（8）防护用品及设备管理制度。

（9）安全生产值班制度。

（10）消防安全责任制度。

14.4 施工安全管理内容

14.4.1 脚手架工程

脚手架搭设和使用安全基本要求为：

（1）组成脚手架的原、配件质量必须符合相关要求，并经检查验收合格后方准使用。

（2）脚手架的搭设必须依据经有关部门和人员审核的专项施工方案，并附必要的验算结果。

（3）高度超过 24 m 的各类脚手架（包括落地式钢管脚手架、附着升降式脚手架、悬挑式脚手架、门式脚手架、挂式脚手架、吊篮脚手架、卸料平台等）除应编制专项施工方案并附验算结果外，还应由施工单位组织专家论证。

（4）脚手架的搭设人员（专业架子工）需经有关部门组织的考试，合格后方可持证上岗，并定期体检。

（5）搭设脚手架人员必须按要求佩戴安全帽，系好安全带，穿防滑鞋。

（6）脚手架搭设的设计荷载与实际荷载必须一致，并符合有关标准和规程的要求，需要改变搭设方案时，必须履行规定的变更审核手续。

（7）脚手架的搭设必须满足相关的构造要求。

（8）所有的操作平台应铺设符合相关要求的脚手板，在平台的边缘应有扶手、防护网、挡脚板或其他防坠落的保护措施。

（9）脚手架上堆料量不得超过规定荷载和高度，同一块脚手板上的操作人员不得超过 2 人。

（10）提供合适、安全的方法，使操作人员和物料等能顺利到达操作平台。

（11）所有置于工作平台上的物料应安全堆放，严禁超载。

（12）对搭设后的脚手架要进行定期或不定期检查。

（13）对于已搭设的脚手架结构，未经允许不得改动或拆除。

（14）遇有六级以上大风或大雾、雨雪等恶劣天气时应暂停脚手架的搭设和作业。

(15) 脚手架的安全检查与维护应按规定进行,安全网应按有关规定搭设或拆除。

14.4.2 高空作业

高处作业的安全技术要求为:

1. 高处作业人员的基本要求

(1) 凡从事高处作业的人员必须身体健康,并定期体检。

(2) 高处作业人员应正确佩戴和使用安全带与安全帽。

(3) 高处作业人员衣着要便利,禁止赤脚,穿硬底鞋、拖鞋、高跟鞋以及带钉、易滑的鞋从事高处作业。

(4) 酒后严禁进行高处作业。

(5) 所有高处作业人员应从规定的通道上下,不得在阳台、脚手架等非规定通道进行攀登上下,也不得任意利用吊车悬臂架及非载人设备上下。

2. 高处作业的基本要求

根据《建筑施工高处作业安全技术规范》(JGJ 80—1991)的规定,建筑施工单位在进行高处作业时,应满足以下基本要求:

(1) 凡进行高处作业时,应正确使用脚手架、操作平台、梯子、防护栏杆、安全带、安全网和安全帽等安全设施和用具,作业前应认真检查所用安全设施和用具是否牢固、可靠。

(2) 高处作业的安全技术措施及其所需料具,必须列入工程的施工组织设计。

(3) 单位工程施工负责人应对工程的高处作业安全技术负责,并建立相应的责任制。

(4) 施工单位应有针对性地将高处作业的警示标志悬挂于施工现场相应的醒目部位,夜间应设红灯警示。

(5) 作业前,应按规定逐级进行安全技术教育及技术交底,落实所有安全技术措施和人身防护用品,未经落实不得进行施工操作。

(6) 攀登和悬空高处作业人员及搭设高处作业安全设施的人员,必须经过专业技术培训及专业考试合格,持证上岗,并定期进行身体检查。

(7) 施工中对高处作业的安全技术设施,发现有缺陷和隐患时,必须及时解决,危及人身安全时,必须停止作业。

(8) 高处作业上下应设置联系信号或通信装置,并指定专人负责。

(9) 施工作业场所有可能坠落的物件,应一律先行撤除或加以固定,高处作业中所用的物料,均应堆放平稳,不妨碍通行和装卸。

(10) 使用的工具应随手放入工具袋,拆卸下的物件、余料和废料均应及时清理运走,不得任意乱置或向下丢弃,传递物件禁止抛掷。

(11) 雨天和雪天进行高处作业时,必须采取可靠的防滑、防寒和防冻措施。

(12) 对进行高处作业的高耸建筑物,应事先设置避雷设施。

(13) 因作业必需,临时拆除或变动安全防护设施时,必须经项目负责人同意,并采取相应的可靠措施,作业后应立即恢复。

(14) 防护棚搭设与拆除时,应设警戒区,并应派专人监护,严禁上下同时搭设或拆除。

14.4.3 临边作业

在施工作业时,当作业中的工作面边沿没有围护设施或围护设施的高度低于 800 mm 时的高处作业即为临边高处作业,简称临边作业。临边作业必须做好安全防护工作。

1. 临边作业的安全防护

按规定,临边作业必须设置防护措施,并符合下列规定:

(1) 基坑周边,尚未安装栏杆或栏板的阳台、卸料台与悬挑平台周边,雨篷与挑檐边,无外脚手架的屋面与楼层周边及水箱与水塔周边等处,都必须设置防护栏杆。

(2) 底层墙高度超过 3.2 m 的二层楼面周边,以及无外脚手架的高度超过 3.2 m 的楼层周边,必须在外围架设安全平网一道。

(3) 分层施工的楼梯口和梯段边,必须安装临时护栏;顶层楼梯口应随工程结构进度安装正式防护栏杆。

(4) 井架与施工用电梯和脚手架等与建筑物通道的两侧边,必须设防护栏杆;地面通道上部应装设安全防护棚;双笼井架通道中间,应予以分隔封闭。

(5) 各种垂直运输卸料平台,除两侧设防护栏杆外,平台口还应设置安全门或活动防护栏杆。

2. 临边防护栏杆杆件的搭设

(1) 防护栏杆的材质要求、规格及连接要求,应符合下列规定:

① 毛竹横杆小头有效直径不应小于 70 mm,栏杆柱小头直径不应小于 80 mm,并须用不小于 16 号的镀锌钢丝绑扎,不应少于 3 圈,并无滑动。

② 原木横杆上栏杆梢直径不应小于 70 mm,下栏杆梢直径不应小于 60 mm,栏杆柱梢直径不应小于 75 mm,并必须用相应长度的圆钉钉紧,或用不小于 12 号的镀锌钢丝绑扎,要求表面平顺和稳固无动摇。

③ 钢筋横杆上杆直径不应小于 16 mm,下杆直径不应小于 14 mm,栏杆柱直径不应小于 18 mm,采用电焊或镀锌钢丝绑扎固定。

④ 钢管栏杆及栏杆柱均采用ϕ 48×3.5 mm 的管材,以扣件或电焊固定。

⑤ 以其他钢材如角钢等作防护栏杆杆件时,应选用强度相当的规格,以电焊固定。

(2) 防护栏杆的搭设,必须符合下列要求:

① 防护栏杆应由上、下两道横杆及栏杆柱组成,上栏杆离地高度为 1.0～1.2 m,下栏杆离地高度为 0.5～0.6 m;坡度大于 1∶2.2 的层面,防护栏杆应高于 1.5 m,并加挂安全立网。

② 当在基坑四周固定栏杆柱时,可采用钢管并打入地面 500～700 mm 深。

③ 当在混凝土楼面、屋面或墙面固定栏杆柱时,可用预埋件与钢管或钢筋焊牢。

④ 当在砖或砌块等砌体上固定栏杆柱时,可预先砌入规格相适应的∟80×6 预埋扁钢作预埋铁的混凝土块,然后用焊接方法固定。

⑤ 栏杆柱的固定及其与横向栏杆的连接,其整体构造应使防护栏杆在上横杆任何处,能经受来自任何方向的 1 000 N 的外力。

⑥ 防护栏杆必须自上而下用安全立网封闭,或在栏杆下边设置严密固定的高度不低于 180 mm 的挡脚板或 400 mm 的挡脚竹笆。

⑦ 卸料平台两侧的防护栏杆,必须自上而下加挂安全立网或满扎竹笆。

⑧ 当临边的外侧面临街道时,除防护栏杆外,敞口立面必须采取满挂安全网或其他可靠措施作全封闭处理。

14.4.4 用电安全

施工现场要注意临时用电的安全,满足以下安全用电技术要求。

(1) 按照《施工现场临时用电安全技术规范(附条文说明)》(JGJ 46—2005)的规定:临时用电设备在 5 台及 5 台以上或设备容量在 50 kW 及 50 kW 以上者,应编制临时用电施工组织设计。

(2)《施工现场临时用电安全技术规范(附条文说明)》(JGJ 46—2005)规定,建筑施工现场临时用电工程和专用的电源中性点直接接地的 220/380 V 三相四线制低压电力系统,必须采用 TN-S 接零保护系统。

(3)《施工现场临时用电安全技术规范(附条文说明)》(JGJ 46—2005)要求,配电箱应做分级设置,即在总配电箱下设分配电箱,分配电箱下设开关箱,开关箱以下就是用电设备,形成三级配电。

(4)《施工现场临时用电安全技术规范(附条文说明)》(JGJ 46—2005)规定,除在末级开关箱内加防漏电保护器外,在上一级分配电箱或总配电箱中再加装一级漏电保护器,总体形成两级保护。

(5) 电缆中必须包含全部工作芯线和用作保护零线或保护线的芯线。五芯电缆必须包含淡蓝、绿/黄二种颜色绝缘芯线。

(6) 电缆在室外直接埋地时必须采用铠装电缆,埋地深度不小于 0.7 m,并应在电缆上下各均匀铺设不小于 50 mm 的细沙,然后覆盖面砖等硬质保护层。

(7) 电缆穿越建(构)筑物、道路、易受机械损伤的场所及引出地面从 2 m 的高度至地下 0.2 m 处,必须加设防护套管,防护套管内径不应小于电缆外径的 1.5 倍。

(8) 施工现场一般场所宜选用额定电压为 220V 的照明器。对下列特殊场所应使用安全电压照明器:

① 隧道、人防工程,有高温、导电灰尘或灯具离地面高度低于 2.5 m 等场所的照明,电源电压应不大于 36V。

② 在潮湿和易触电及带电体场所的照明电源电压不得大于 24V。

③ 在特别潮湿的场所、导电良好的地面、锅炉或金属容器内工作的照明电源电压不得大于 12V。

14.4.5 防火安全

根据建筑工程选址位置、施工周围环境、施工现场平面布置、施工工艺及施工部位不同，其动火区域分为一、二、三级。施工现场要注意防火管理，满足施工现场防火管理的安全技术要求。

1. 施工现场平面布置

(1) 施工现场要明确划分出禁火作业区、仓库区和生活区，各区域之间应保证有一定的安全防火间距：禁火作业区距离生活区不小于 15 m，距离其他区域不小于 25 m；易燃、可燃材料堆料场及仓库距离修建的建筑物和其他区不小于 20 m；易燃的废品集中场地距离在建的建筑物和其他区域不小于 30 m；防火间距内，不应堆放易燃和可燃材料。

(2) 施工现场的道路，应有足够的夜间照明设备。

(3) 施工现场必须设立消防通道，其宽度不小于 3.5 m，并且在工程施工的任何阶段都必须保持畅通。

(4) 建筑工地要设有足够的消防水源，对有消防给水管道设计的工程，应在建筑施工时，先敷设好室外消防给水管道与消火栓。

(5) 临时性的建筑物、仓库以及正在修建的建(构)筑物道旁，均应配置适当种类和一定数量的灭火器，并布置在明显和便于取用的地点。

(6) 作业棚和临时生活设施的规划和搭建，必须符合下列要求：

① 临时生活设施应尽可能搭建在距离修建的建筑物 20 m 以外的地区，并且不要搭设在高压架空线路的下面，距离高压架空线路的水平距离不应小于 6 m。

② 临时宿舍与厨房、锅炉房、变电所和汽车库之间的防火距离，应不小于 15 m。

③ 临时宿舍等生活设施，距离铁路的中心线以及少量易燃品贮藏室的间距不小于 30 m。

④ 临时宿舍距火灾危险性大的生产场所不得小于 30 m。

⑤ 为贮存大量的易燃物品、油料、炸药等所修建的临时仓库，与永久工程或临时宿舍之间的防火间距应根据所贮存的数量，按照有关规定确定。

⑥ 在独立的场地上修建成批的临时宿舍，应当分组布置，每组最多不超过两幢，组与组之间的防火距离，在城市市区不小于 20 m，在村镇不小于 10 m。

⑦ 生产工棚包括仓库，无论有无用火作业或取暖设备，室内最低高度一般不应低于 2.8 m，其门的宽度要大于 1.2 m，并且要双扇向外。

2. 施工现场防火管理

(1) 每个建筑工地都应成立防火领导小组，建立健全安全防火责任制度，各项安全防火规章和制度应悬挂于明显之处，并由专人指导作业人员贯彻落实。

（2）应加强施工现场的安全保卫工作。

（3）施工现场应按照文明施工的要求进行布置，各类材料都要码放成垛，整齐堆放。

（4）新工人进入施工现场，都应进行防火安全教育和防火知识的学习，并经考核合格后方能上岗工作。

14.5　实训成果评价

实训成果评价如表 14-1 所示。

表 14-1　　**安全生产检查评分表**

工程名称：________

序号	检查项目	权重	评价项目	得分
1	脚手架	22%	1. 立杆基础不平、不实，不符合专项施工方案要求(2′)； 2. 出现立杆悬空，立杆基础浸水现象(2′)； 3. 架体与建筑结构拉结方式或间距不符合规范要求(2′)； 4. 悬挑架型钢末端长度、锚固措施不符合要求(2′)； 5. 架体上建筑垃圾不随时清理，有堆积(2′)； 6. 架体外侧未设置密目式安全网封闭或网间连接不严密(2′)； 7. 施工脚手架与建筑物之间未进行隔离或隔离不严密(2′)； 8. 严禁外防护脚手架与支模架、卸料平台等架体出接(2′)； 9. 未见使用木板制作并刷漆的不小于 180 mm 的挡脚板(2′)； 10. 剪刀撑斜杆接长或剪刀撑与架体杆件固定及连续设置不符合规范要求(2′)； 11. 脚手板未满铺，或铺设不牢、不稳(2′)	
2	支模架	12%	1. 立杆纵、横间距大于专项施工方案设计要求(2′)； 2. 水平杆步距大于方案设计要求或未连续设置(2′)； 3. 未按规范要求设置竖向及水平剪刀撑(2′)； 4. 支模架立杆有采用方木混用立杆支撑现象(2′)； 5. 支模架 U 托外伸长度不满足规范要求(2′)； 6. 后浇带处支架未按规定顶撑搭设(2′)	
3	施工用电	18%	1. 配电线路架设或埋地不符合规范要求(2′)； 2. 分配箱、开关箱、机具之间距离超过规范要求(2′)； 3. 电缆缠绕于脚手架钢管上或防护栏杆上且未做绝缘保护(2′)； 4. 配电箱、开关箱破旧严重已不符合正常安全使用要求(2′)； 5. 固定或移动分配箱的位置、高度、防雨及周边通道不符合规范要求(2′)； 6. 配电箱无系统接线图及定期巡视记录，漏电保护装置失灵(2′)； 7. 机具未通过开关箱直接从分配箱接线，存在接线混乱，乱接乱拉(2′)； 8. 配电箱及施工机械未按规定接零、接地(2′)； 9. 现场未使用二次保护装置的电焊机(2′)	

（续表）

序号	检查项目	权重	评价项目	得分
4	机械安全	10%	1. 塔吊、人货梯基础积水，无有效排水措施(2′)； 2. 物料提升机、人货梯防护门未保持常关(2′)； 3. 升降机防坠器失效未提前及时报检(2′)； 4. 升降机停层平台脚手板铺设不严，两侧围护不到位(2′)； 5. 施工机械机具无安全使用防护罩(2′)	
5	安全防护	18%	1. 楼层预留洞口未采取有效防护措施(3′)； 2. 工作面临边、楼层临边、基坑临边等未设置防护栏杆(3′)； 3. 电梯井防护门不符合规范要求(3′) 4. 电梯井隔离不符合规范要求(3′)； 5. 钢筋加工区、搅拌机等区域未搭设规范的安全防护棚(3′)； 6. 未按规定对混凝土泵管进行搭设并加固(3′)	
6	卸料平台	7%	1. 落地卸料平台未编制专项方案且未按照方案要求搭设(3′)； 2. 悬挑钢平台下部支撑系统或上部拉结未设在建筑物结构上(1′)； 3. 斜拉杆或钢丝绳未按要求在平台两侧各设两道(1′)； 4. 钢平台台面铺板不严或钢平台与建筑结构之间铺板不严(1′)； 5. 未在平台明显处设置荷载限定标牌及验收合格牌(1′)	
7	防火防爆	9%	1. 有完整的消防供水系统，楼层消防龙头正常有水(3′)； 2. 办公区、生活区、木工间、材料堆场、楼层配有效灭火系统(3′)； 3. 乙炔瓶与氧气瓶使用等情况符合安全操作规程(3′)	
8	个人防护	4%	现场作业人员佩戴安全帽意识差，监管松散，未戴安全帽(4′)	
合计		100%	总得分：	

检查人员：________________日期：________年____月____日。

14.6 思考题

（1）简述脚手架搭设和使用安全基本要求。

（2）高处作业的安全技术要求有哪些？

（3）临边作业的安全技术要求有哪些？

（4）施工临时用电的安全技术要求有哪些？

（5）简述施工现场防火管理的安全技术要求。

14.7 教学建议

《施工安全管理实务》是建筑工程技术专业学生必须掌握的核心课程，但限于条件，实训中不能完全模拟施工现场中存在的安全问题。在本节实训课结束时应进行反思，是否设计探究性实训内容，让学生自己去分析、研究，从而获取知识培养技能？

单元 5

工程资料管理

单元概述

工程资料的填写、编制、审批、收集、整理、组卷、移交及归档等工作的统称，简称工程资料管理。在建筑工程中，工程资料是建设施工中的一项重要组成部分，是工程建设及竣工验收的必备条件，也是对工程进行检查、维护、管理、使用、改建和扩建的原始依据。建设部与各省市建设部门对工程资料管理工作都非常重视，多次强调要做好工程资料工作，明确指出：任何一项工程如果工程资料不符合标准规定，则判定该项工程不合格，对工程质量具有否决权。随着建筑业的迅速发展，建筑市场的不断规范，注重工程建设的管理尤为重要。

实训目标

工程资料管理实训总目标立足于以工程资料管理工作行为为向导，服务于能力培养主线，实质性响应资料员工作岗位的能力点，即工程资料管理能力。

工程资料管理能力训练的总目标具体体现为能完成工程资料的收集、编写、核对、组卷、装订。在此基础上，可以将总目标细化为初级、中级、高级三个层次。

初级（及格）：能够基本完成工程资料的收集、编写、组卷、装订。

中级（良好）：能够依据施工图完成工程资料的收集、编写、核对，组卷、装订。

高级（优秀）：能够依据施工图、相关标准规范、策划方案完成工程资料的收集、编写、核对、组卷、装订。

教学重点

让学生认识和掌握一个工程项目资料管理的职责与流程，从前期收集、编写、整理、审批、核对、组卷及竣工后装订、移交和归档这些步骤中加深了解并掌握工程资料的重要性。

教学建议

本实训凸显学生主体，以大组为单位，以小组为工作实体，每班分六个学习大组，每大组分四个训练小组，每大组汇总四个训练小组的资料，最后形成该组资料整理组卷工作。

任务 15　工程资料收集

15.1　实训目标

针对资料员工作岗位的能力点，资料收集能力是工程资料管理能力的重要一环。资料收集训练要求学生收集指定工程施工图中相应分部的"工程实施依据资料""原材料、半成品、成品质量证明文件""施工试验记录"汇总表等资料。工程资料收集能力训练目标为：

(1) 会选择合适的试验、检测方法，并鉴别其结论。

(2) 会鉴别有效的质量证明资料。

(3) 能适时收集对应的资料，并将其分类保存。

15.2　学习重点与难点

学习重点：让学生明确具体应该收集哪些资料，并做好资料的整理。

学习难点：了解资料收集的方法，尽可能全面、有序地做好资料的收集和整理。

15.3　资料收集的准备

15.3.1　资料收集的内容

(1) 施工组织设计(方案)报审。

(2) 图纸会审记录。

(3) 技术(安全)交底。

(4) 开工报告。

(5) 管理人员名单。

(6) 各类材料报验。

(7) 设计变更。

(8) 现场签证。

(9) 隐蔽报验。

(10) 检验批报验。

(11) 分项工程报验。

(12) 分部工程报验。

(13) 单位工程报验。

(14) 竣工报告。

其中(6)～(8)穿插在整个工程的施工过程中。

15.3.2 资料收集的渠道

1. 上级下发

指的是政府机关、各部委办、管理协会、局(集团)、上级公司等发出的传递到项目部的文件资料,包括正式文件资料、通知等。

2. 工程项目相关方传递

指的是建设单位(业主)、监理单位、勘察设计单位、各分包单位、物资供应单位、工程项目所在地街道办事处、居委会等与工程建设相关的单位传递到项目部的文件资料。

3. 项目部内部各科室移交

指的是项目部内部形成并传递到资料员手中的各类文件资料和记录。

4. 网站下载

指的是通过因工程建设和管理需要,从因特网、公司局域网等下载的有关文件资料。

5. 购买

指的是因工程建设和管理需要,从新华书店或发行单位购买的书籍、资料,包括技术标准规范、质量验收标准规范、标准图集等。

15.3.3 资料收集的控制措施

项目文件产生于项目建设全过程,工程项目是一项系统工程,其建设周期长,文件材料来自于各方面,管理分散,为了畅通收集渠道,使所收集的文件材料完整、齐全,必须对收集工作采取必要的控制措施。

收集工作控制措施的方法:

1. 落实人员、明确职责

项目各相关方须配备专兼职资料员(大项目设专职资料员),工程档案的收集、整理、归档工作应列入资料员和项目经理的岗位职责，定期考核。

2. 实行“三纳入”

“三纳入”就是把工程项目文件资料的形成和积累纳入工程建设程序，纳入工程建设工程计划，纳入有关部门和有关人员的职责范围。

实行“三纳入”，才能做到：组织上有保证，制度上有规定，职责上有分工，工作上有安排，管理上有考核。

3. 建立制约机制

(1) 在项目经理的承包责任书中列入工程项目档案归档的内容。

(2) 在工程承包合同或协议书中明确编制竣工图、竣工资料的要求。

(3) 建立竣工档案验收制度，档案部门应参加竣工资料检查验收，竣工档案不合格的，工程项目不得竣工验收。

4. 建立施工资料管理责任制

施工单位在进行资料管理时，应明确规定资料管理负责人。项目部应设资料员，项目部资料员负责收集、积累从开工到竣工的所有工程技术资料，工程竣工时，应及时进行整理、立卷、归档，做到材料齐全、准确。项目部应明确每一份施工资料管理的责任人，资料员向责任人收集或责任人把完成的施工资料交资料员。

15.4 实训项目资料的收集

根据附录，施工图中介绍的原材料、半成品和成品以及教材描述对应工程的施工工作，各大组各训练小组收集所属分部的相应资料。

1. 收集工程实施依据资料

收集施工合同、地质勘察报告、施工图纸会审纪要、施工图审查报告、施工许可证、施工组织设计等文件，并鉴别其有效性。

2. 收集原材料、半成品、成品质量证明文件

收集钢材、水泥、砖、石、砂、商品混凝土、电焊条、防水建材(如沥青防水卷材、油毡瓦、混凝土瓦等)、装饰装修材料(如门、窗、油漆大理石、细木工板、石膏板、饰面板等)质量证明书、复验报告，并鉴别其有效性。

3. 收集施工试验记录

收集混凝土试块、砂浆试块检测报告，混凝土抗渗试验报告，钢材连接试验报告，室内空气质量检测报告，桩基低应变动测报告，单桩竖向静荷载试验报告，结构实体检测报告，建筑锚栓抗拉拔试验报告；等等，并鉴别其有效性。

4. 质量问题和质量事故处理资料(可选做)。

15.5 实训成果评价

学生自评要点:评价自己是否按照施工工序和对应分项去收集工程资料,做到无漏项、缺项,能对收集过的资料进行很好的鉴别与整理。

教师评价要点:资料收集是否完整,资料整理是否有序,检测和试验的方法选择是否正确。在收集资料过程中是否了解并掌握关于资料的内容及作用。

15.6 思考题

(1) 什么是工程资料管理?

(2) 工程资料管理的意义有哪些?

(3) 文件资料收集的渠道有哪些?

(4) 工程项目档案收集的控制措施有哪些?

15.7 教学建议

教师在本节实训课结束时应进行反思,是否让各大小组进行经验交流,阐述各组在收集资料中所发生的问题,让同学们在实训过程中主动去发现和解决问题,从而在下面的实训学习中能更好地了解和掌握本次实训的重点并解决难点,教师应引入反思,让同学们在实训中学会总结、发现、解决、了解和掌握相关内容。

任务 16　工程竣工图编制

16.1　实训目标

竣工图是建筑工程资料和竣工档案的重要组成部分，是对工程进行维护、管理、灾后鉴定、灾后重建、改建、扩建的主要依据。

工程竣工图编制及折叠能力训练目标为：

(1) 了解工程竣工图的编制方法及编制要求；

(2) 能够熟练掌握 0# ～4# 图纸的折叠方法。

16.2　学习重点与难点

学习重点：竣工图的编制、审核及折叠。

学习难点：竣工图的编制。

16.3　竣工图的编制

16.3.1　竣工图编制的原则

(1) 新建、改建、扩建的建筑工程均应编制竣工图；竣工图应真实反映竣工工程的实际情况。

(2) 竣工图的专业类别应与施工图对应。

(3) 竣工图应依据施工图、图纸会审记录、设计变更通知单、工程洽商记录(包括技术核定单)等绘制。工程洽商记录(包括技术核定单)中设计图纸内容改变的洽商(技术核定单)内容必须都改绘到施工图上，修改到位。

(4) 当施工图没有变更时，可直接在施工图上加盖竣工图章形成竣工图。

(5) 竣工图的绘制应符合国家现行有关标准的规定。

(6) 竣工图应有竣工图章及相关责任人签字。

(7) 重新绘制竣工图的，应当有变更记录栏，内容为序号、内容、修改日期。在图签栏中必须有原设计单位名称和设计人员的签证。

16.3.2 竣工图编制的要求

(1) 施工图有局部变更的，在原施工图上进行修改、补充并加盖签署“竣工图章”后作为竣工图。

(2) 施工图的结构、平面(设计结构形式、工艺、平面布置)等重大改变及图面变更面积超过35%的，应重新绘制竣工图，并加盖签署“竣工图章”后作为竣工图。

(3) 同一建筑物、构筑物重复的标准图、通用图可不编入竣工图中，但应在图纸目录中列出图号。指明该图所在位置并在编制说明中注明；不同建筑物、构筑物应分别编制。

(4) 在一个建设项目内，同一施工单位施工的同一类型的多个单体工程，可只编制其中一个单位工程的竣工图，其他单体工程不同的变更的部位还须编制相应的竣工图。

“同一类型”即完全一样的房屋，如：多层混合结构分A、B型的，应A型编一竣工图，B型再编一竣工图。“对其中有变更的部位还须编制相应的竣工图”，即：若三幢A型房屋，其中一幢的基础碰到暗浜的，要进行基础加固，而另两幢则不用加固，虽竣工图可只编一套，但该加固基础的也要编入竣工图中，并说明是“××号房屋加固基础”。

16.3.3 竣工图的绘制

竣工图按绘制方法不同可分为以下几种形式：利用电子版施工图改绘的竣工图、利用施工蓝图改绘的竣工图、利用翻晒硫酸纸底图改绘的竣工图、重新绘制的竣工图。

编制单位应根据各地区、各工程的具体情况，采用相应的绘制方法。

1. 利用电子版施工图改绘的竣工图

“利用电子版施工图改绘竣工图”是指利用计算机绘图软件，将图纸会审记录，设计变更通知单、工程洽商记录(技术核定单)的内容改绘到设计单位提供的电子版施工图上，然后用绘图仪等电子输出设备打印出图的方法。

利用电子版施工图改绘的竣工图应符合下列规定：

(1) 将图纸变更结果直接改绘到电子版施工图中，用云线圈出修改部位，按表16-1的形式做修改内容备注表。

表16-1 修改内容备注表

设计变更、洽商编号	简要变更内容

（2）竣工图的比例应与原施工图一致。

（3）设计图签中应有原设计单位人员签字。

（4）委托本工程设计单位编制竣工图时，应直接在设计图签中注明“竣工阶段”，并应有绘图人、审核人的签字。

（5）竣工图章可直接绘制成电子版竣工图签，出图后应有相关责任人的签字。

2．利用施工图蓝图改绘的竣工图

利用施工图蓝图改绘的竣工图应符合下列规定：

（1）采用杠(划)改、叉改或圈改法进行绘制。利用施工图改绘竣工图，必须标明变更修改依据：

① 对于少量文字和数字的修改，可采用杠改法，即用一条实线在被修改部分的下面划一下，在其附近的适当位置，填写变更后的内容，并注明修改依据。

② 对于图形的修改可采用叉改法，即用“×”将被修改部分划去，在其附近的适当位置，绘制修改后的图形，注明修改内容及修改依据。

③ 对较多图形的修改，可采用圈改法，即将被修改的部分图形圈出，按制图规范在其附近的适当位置，绘制修改后的图形，注明修改内容及修改的依据。

（2）凡施工图结构、工艺、平面布置等有重大改变，或变更部分超过图面 1/3 的，应当重新绘制竣工图。

（3）应使用新晒制的蓝图，不得使用复印纸图。

3．利用翻晒硫酸纸图改绘的竣工图

利用翻晒硫酸纸图改绘的竣工图应符合下列规定：

（1）应使用刀片将需要改部分刮掉，再将变更内容标注在修改部位，在空白处做修改内容备注表；修改内容备注表样式可按表 16-1 执行。

（2）宜晒制成蓝图后，再加盖竣工图章。

4．当图纸变更内容较多时，应重新绘制竣工图

重新绘制的竣工图的比例应与原施工图一致，并符合国家现行有关标准。

16.3.4 竣工图图纸的折叠

图纸折叠前应按裁图线裁剪整齐，其图纸幅面应符合表 16-2 的规定。

表 16-2　　图纸幅面尺寸

基本幅面代号	0#	1#	2#	3#	4#
b×l	841×1 189	594×841	420×594	297×420	297×210
c	10			5	
a	25				

图面应折向内，成手风琴箱式；

折叠后幅面尺寸就以 4# 图纸基本尺寸为标准；

图纸及竣工图章应露在外面；

0# ～3# 图纸应在装订边 297 处折一三角或剪一缺口，拆至装订边。

1. 竣工图图纸折叠方法

(1) 4# 图纸不折叠。

(2) 3# 图纸折叠如图 16-1 所示(序号为折叠次序，虚线表示折起部分)。

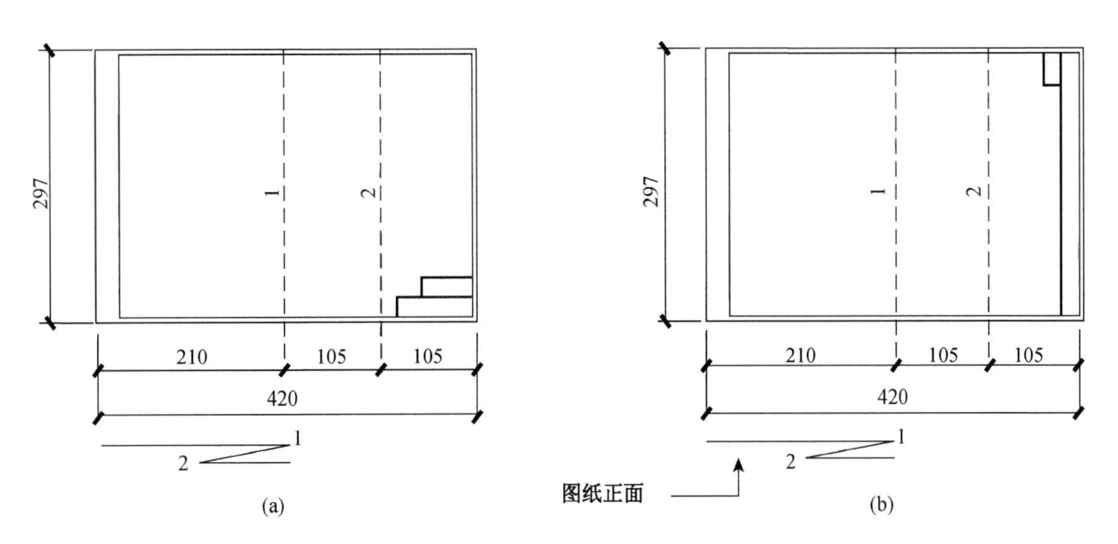

图 16-1　3# 图纸折叠示意图

(3) 2# 图纸折叠如图 16-2 所示。

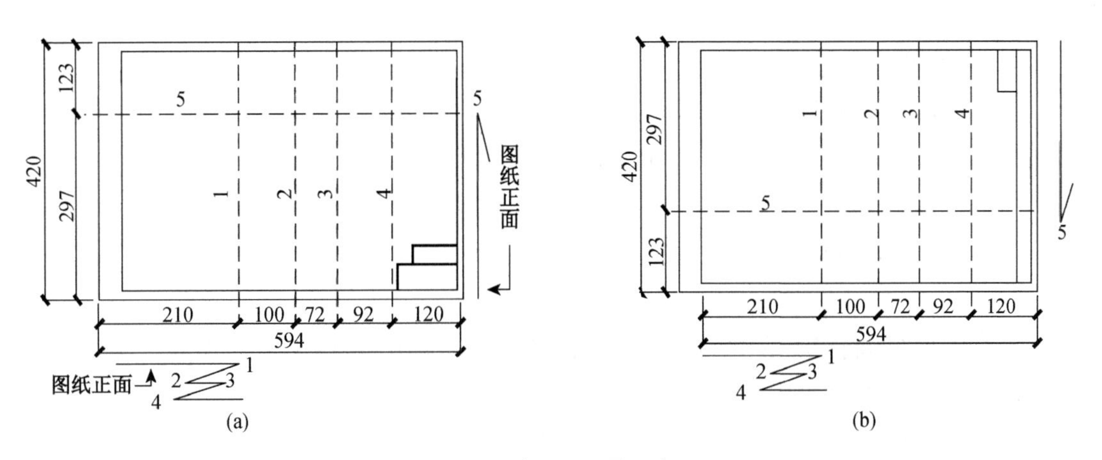

图 16-2　2# 图纸折叠示意图

(4) 1# 图纸折叠如图 16-3 所示。

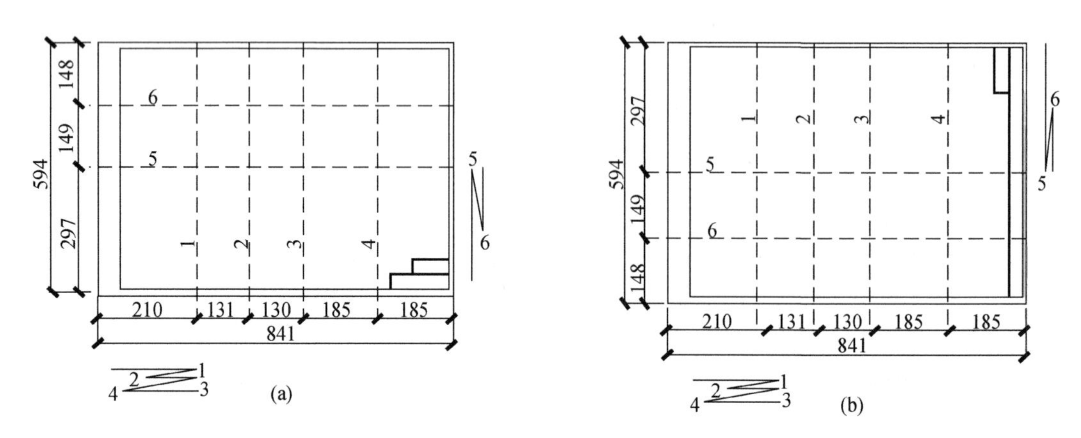

图 16-3　1# 图纸折叠示意图

(5) 0# 图纸折叠如图 16-4 所示。

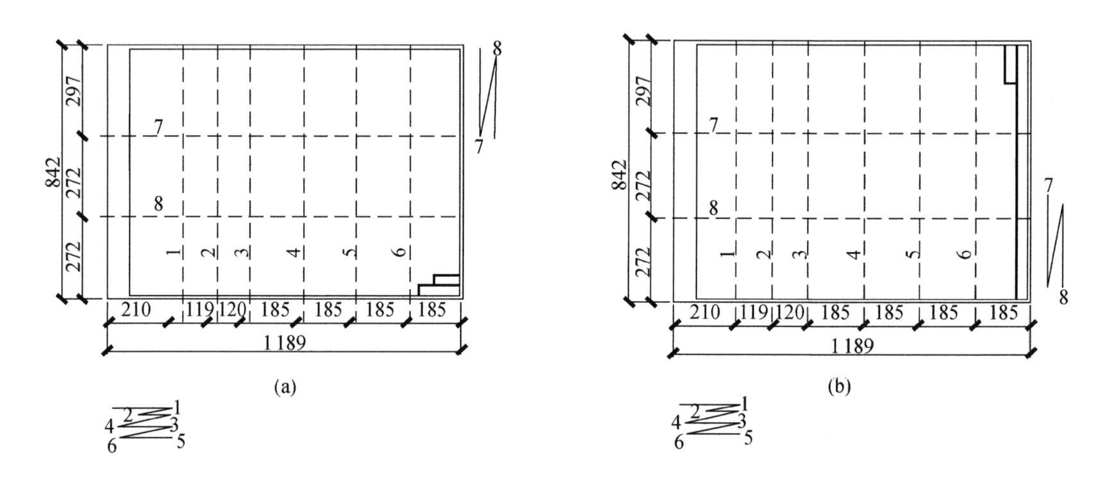

图 16-4　0# 图纸折叠示意图

2. 工具使用

图纸折叠前,准备好一块略小于 4# 图纸尺寸(292 mm×205 mm)的模板。折叠时,应先把图纸放在规定位置,然后按照折叠方法的编号顺序依次折叠。

16.4　竣工图的审核

(1) 竣工图编制完成后,监理单位应督促和协助竣工图编制单位检查其竣工图编制情况,发现不准确和短缺时要及时修改和补充。

(2) 竣工图内容应与施工图设计、设计变更、洽商、材料变更、施工实际情况及质检记录相符合。

(3) 竣工图按单位工程、装置或专业编制，并配有详细编制说明和目录。

(4) 竣工图应使用新的或干净的竣工图，并按要求加盖并签署竣工图章。

(5) 一张更改通知单涉及多图的、如果图纸不在同一卷册的，应将复印件附在有关卷册中，或在备考表中说明。

(6) 国外引进项目、引进技术或由外方承包的建设项目，外方提供的竣工图应由外方签字确认。

(7) 编制竣工图总说明及专业的编制说明，叙述竣工图编制原则、各专业目录及编制情况。

16.5　实训成果评价

学生自评要点：评价自己是否可以根据工程状况对竣工图做出有效的编制。竣工图折叠方法是否正确，了解竣工图的审核要求与流程。

教师评价要点：对竣工图的编制是否有效，正确。竣工图折叠方法与折叠后的整体观感如何，另对竣工图审核流程与要求掌握程度。

16.6　思考题

(1) 什么是竣工图？

(2) 竣工图的作用有哪些？

(3) 什么样的情况下应重新编制竣工图？

(4) 利用施工图蓝图改绘的竣工图应符合什么要求？

(5) 请画图示意 1# 图纸的折叠方法。

16.7　教学建议

教师在完成本部分实训课程后，应进行反思，本次实训同学们是否了解和掌握竣工图的重点、难点？有没有积极讨论并交流经验？是否有同学对于图纸的认识还不够？如果不够应该及时说明，耐心教导，给同学们信心和鼓励，陪伴他们在实训过程中慢慢成长。

任务 17　工程资料汇编

17.1　实训目标

资料编写贯穿于资料员岗位工作的全过程，是资料员岗位工作的重要组成部分，是工程资料管理实务模拟课程目标的核心组成。资料编写训练要求学生编写指定工程中相应分部的“工程施工记录”“安全及功能检验资料”“工程施工质量验收记录”等资料。工程资料编写能力训练目标为：

（1）能正确选用对应表式。

（2）能正确完成相关资料表式的记录和编写。

17.2　学习重点与难点

学习重点：工程资料的编写。

学习难点：工程资料的表式，记录和分类编写。

17.3　实训知识准备

17.3.1　建筑工程管理资料分类

1. 开工前准备资料

（1）办理施工许可证资料清单。

（2）开工前建设工程安全生产备案内容。

2. 建筑工程管理与技术资料

（1）工程施工管理资料的填写：施工现场质量管理检查记录表、施工日记、开工报告、工程竣工报告、房屋建筑工程和市政基础设施工程竣工验收备案表、工程竣工验收报告、单位（子单位）工程质量竣工验收记录勘察质量检查报告、设计质量检查报告、工程质量监理评估报告。

（2）工程施工技术资料的填写：施工组织设计报审表、施工组织设计与专项施工方案、技术交底记录、图纸会审记录、设计变更通知单、技术联系（通知）单、工程质量事故处理记录。

（3）工程施工测量资料的填写：工程测量放线报验申请表，工程定位测量记录、地基验槽记录、沉降观测记录、建筑物垂直度、标高测量记录。

（4）土建工程质量控制资料：施工物资资料、施工记录、隐蔽工程检查验收、施工检测资料。

3. 地基与基础分部工程资料

（1）地基与基础分部（子分部）工程质量验收记录：地基与基础分部（子分部）工程质量验收记录。

（2）地基与基础分项工程与检验批验收记录：土方开挖工程检验批质量验收记录、土方回填工程检验批质量验收记录、锚杆与土钉墙支护工程检验批质量验收记录、涂料防水层检验批质量验收、模板安装（含预制构件）工程检验批质量验收记录、模板拆除工程检验批质量验收记录、钢筋原材料检验批质量验收记录、钢筋加工检验批质量验收记录、钢筋连接检验批质量验收记录、钢筋安装检验批质量验收记录、混凝土施工检验批质量验收记录、现浇结构外观质量检验批质量验收记录、现浇结构尺寸偏差检验批质量验收记录、砖砌体工程检验批质量验收记录。

4. 主体结构分部工程资料

（1）测量放线（各层柱、剪力墙、梁、板以及墙体砌筑的轴线、标高引测）：测量放线记录00-01、检查验收记录、审批表及其附件，监理工作联系单，监理通知。

（2）主体原材料进厂：通风道、防水原材料（卫生间）、水泥、砂、石子、砖、钢筋、焊条、焊剂等出厂证明文件或检测报告以及进场验收登记，审批表及其附件（同意进场）。

（3）主体原材料检验：配合比设计、检测合格证明以及见证取样登记填登记表、审批A10及其附件（同意使用）。

（4）主体各层柱、剪力墙、梁、板模板安装施工：模板安装工程检验批质量验收记录、检查验收记录表、审批表及附件，监理工作联系单，监理通知。

（5）主体各层柱、剪力墙、梁、板钢筋施工：隐蔽验收记录，钢筋原材料、加工、连接、安装检验批质量验收记录，见证取样登记表，质量控制资料，检查验收记录，审批及附件，监理工作联系单，监理通知。

（6）主体各层柱、剪力墙、梁、板混凝土施工：混凝土施工记录，商品混凝土出厂合格证，复试报告，自拌混凝土配合比通知单，混凝土原材料、配合比、施工检验批[010603(1-3)]，混凝土浇捣令、旁站记录，见证取样登记表，质量控制资料检查记录，标准养护混凝土试块强度评定表(01-13/02-02/03-01/04-01)，监理工作联系单，监理通知。

(7) 主体各层柱、剪力墙、梁、板模板拆除施工：同条件试块检测报告、模板拆除工程检验批质量验收记录、检查验收记录、审批及附件，监理工作联系单，监理通知。

(8) 主体各层砖砌体拉结筋安装：隐蔽验收记录，拉结试验，巡视检查验收记录，监理工作联系单，监理通知。

(9) 主体各层砖砌体施工：砂浆配合比设计通知单(转换成施工配合比)、检验批及其附件，监理工作联系单，监理通知。

(10) 屋面板、梁模板安装施工：模板安装工程检验批质量验收记录，检查验收记录，审批表及附件，监理工作联系单，监理通知。

(11) 屋面板、梁钢筋施工：隐蔽验收记录，钢筋原材料、加工、连接、安装检验批质量验收记录，见证取样登记表，质量控制资料，检查验收记录，审批表及附件，监理工作联系单，监理通知。

(12) 屋面板、梁混凝土施工：混凝土施工记录、商品混凝土出厂合格证、复试报告、自拌混凝土配合比通知单、混凝土原材料、配合比、施工检验批[010603(1 3)]、混凝土浇捣令。旁站记录、见证取样登记表、质量控制资料检查记录、标准养护混凝土试块强度评定表 01-13/(02-02/03-01/04-01)，监理工作联系单，监理通知。

(13) 屋面板、梁模板拆除施工：同条件试块检测报告、模板拆除工程检验批质量验收记录、检查验收记录、审批表及附件，监理工作联系单，监理通知。

(14) 通风道安装施工：检验批质量验收记录(00-05)、检查验收记录、审批 A5-3 及附件，监理工作联系单，监理通知。

(15) 主体各项试验报告收集：混凝土、砂浆试验报告整理收集，包括各层柱、剪力墙、梁、板、屋面板、梁以及砌筑砂浆、防水材料等的试验报告。

(16) 主体结构实体检测：混凝土抗压强度试验报告(同条件养护试块或实体检测)、混凝土抗渗试验报告(卫生间、屋面)、审批结构实体检测报告，监理工作联系单，监理通知。

(17) 主体结构验收：检验批质量验收记录(模板、钢筋、混凝土、砌体)、分项评定表(模板、钢筋、混凝土、砌体)、主体分部评定表、隐蔽验收记录、施工材料预制构件质量证明文件及复试试验报告：

① 砂、石、砖、水泥、钢筋、防水材料、隔热保温、防腐材料、轻集料试验汇总表；

② 砂、石、砖、水泥、钢筋、防水材料、隔热保温、防腐材料、轻集料出厂证明文件；

③ 砂、石、砖、水泥、钢筋、防水材料、轻集料、焊条、沥青复试试验报告；

④ 预制构件(钢、混凝土)出厂合格证、试验记录、施工记录[砂浆配合比通知单、混凝土抗压强度试验报告、混凝土抗渗试验报告、商品混凝土出厂合格证、复试报告、钢筋接头(焊接)试验报告、防水工程试水检查记录、砂浆、混凝土、钢筋连接、旁站记录、混凝土抗渗试验报告汇总表]、结构实体检测报告、主体验收汇报、验收评估报告。

5. 建筑装饰装修分部工程资料

(1) 装饰装修工程原材料进厂:门、窗、涂料、面砖、油漆、钢丝网、石棉网、发泡剂、锚固板、水泥、砂、石子、砖等出厂证明文件或检测报告以及进场验收登记,审批A10及其附件(同意进场)。

(2) 装饰装修工程原材料检验:门(三性试验)、窗(三性试验)、玻璃、面砖、水泥、砂、石子检测合格证明以及见证取样登记并填写登记表,审批A10及其附件(同意使用)。

(3) 钢丝网/石棉网安装:审批原材料合格证明文件,隐蔽验收记录,检查验收记录NB-20,监理工作联系单,监理通知。

(4) 内外墙一般抹灰:砂、水泥(凝结时间)等原材料质量证明文件及试验报告,施工记录,检查验收记录NB-20,审批原材料,进场登记记录,见证取样记录,审批检验批(030201,010705),监理工作联系单,监理通知。

(5) 外墙面砖粘贴施工:施工记录,面砖拉拔试验,审批检验批(030602),拉拔试验报告,检查验收记录NB20,监理工作联系单,监理通知。

(6) 内墙、顶棚涂料粉刷施工:施工记录,审批检验批[030801(1,2,3)],检查验收记录NB20,监理工作联系单,监理通知。

(7) 门、窗标高引测:测量放线,检查验收记录NB-20,监理工作联系单,监理通知。

(8) 门窗框安装:发泡剂、锚固板的隐蔽验收,检查验收记录NB-20,审批检验批(030303)、隐蔽记录,监理工作联系单,监理通知。

(9) 门窗扇、玻璃安装:玻璃及其附件的合格证明文件,检查验收记录NB20,审批检验批(030303,030305),监理工作联系单,监理通知。

(10) 建筑地面找平层施工:检查验收记录NB20,检验批(030104),隐蔽记录,监理工作联系单,监理通知。

(11) 建筑地面水泥砂浆面层施工:检查验收记录NB20,检验批(030108),监理工作联系单,监理通知。

(12) 护栏及扶手安装:检查验收记录NB20,检验批(031004),监理工作联系单,监理通知。

(13) 溶剂型涂料涂饰施工:审批原材料及其附件原材料合格证明文件、试验报告,检验批[030802(1,2)]监理工作联系单,监理通知。

(14) 各项试验报告收集:混凝土、砂浆、门、窗、砂浆配比试验报告整理收集。

(15) 装饰装修分部验收:检验批质量验收记录(内外墙一般抹灰、外墙面砖粘贴、内墙、顶棚涂料粉刷、门窗框安装、门窗扇、玻璃安装、建筑地面找平层、水泥砂浆面层、护栏及扶手安装、溶剂型涂料涂饰)、分项评定表、分部评定表、隐蔽验收记录、施工材料预制构件质量证明文件及复试试验报告。

① 砂、石、砖、水泥、轻集料试验汇总表;

② 砂、石、水泥、门、窗复试试验报告;

③ 预制构件出厂合格证、试验记录，施工记录，装饰装修分部报告。

6. 建筑屋面分部工程资料

(1) 屋面原材料进厂：防水原材料、保温材料、屋面瓦、水泥、砂、石子、砖等出厂证明文件或检测报告以及进场验收登记，审批 A10 及其附件(同意进场)。

(2) 屋面原材料检验：防水原材料、保温材料、屋面瓦、配合比设计(找平层、保护层)、检测合格证明以及见证取样登记填登记表，审批 A10 及其附件(同意使用)。

(3) 屋面找平层施工：检查验收记录 NB-20，旁站记录，审批检验批，隐蔽记录，监理工作联系单，监理通知。

(4) 屋面基层处理(冷底子油)：检查验收记录 NB-20，审批原材料，检查验收记录，监理工作联系单，监理通知。

(5) 屋面防水层施工：检查验收记录 NB-20，旁站记录，审批检验批，隐蔽记录，监理工作联系单，监理通知。

(6) 屋面保温层施工：检查验收记录 NB-20，审批检验批，隐蔽记录，监理工作联系单，监理通知。

(7) 屋面保护层施工：检查验收记录 NB-20，审批检验批，隐蔽记录，监理工作联系单，监理通知。

(8) 细部处理：检查验收记录 NB-20，审批检验批，隐蔽记录，监理工作联系单，监理通知。

(9) 屋面密封材料嵌缝：检查验收记录 NB-20，审批原材料，检查验收记录，监理工作联系单，监理通知。

(10) 屋面、卫生间/厨房蓄水试验：检验批质量验收记录(040501，040502，040503)，旁站记录，试验报告，检查验收记录 NB20，监理工作联系单，监理通知。

(11) 屋面分部验收：检验批质量验收记录(找平层、防水层、隔热层、保护层、细部构造、密封材料嵌缝)、分项评定表(找平层、防水层、隔热层、保护层、细部构造、密封材料嵌缝)、分部评定表、隐蔽验收记录、施工材料预制构件质量证明文件及复试试验报告(①砂、石、砖、水泥、钢筋、防水材料、隔热保温、防腐材料、轻集料试验汇总表；②砂、石、砖、水泥、钢筋、防水材料、砖、水泥、钢筋、防水材料、轻集料、焊条、沥青复试试验报告；③预制构件〈钢、混凝土〉出厂合格证、试验记录、施工记录、砂浆配合比通知单、混凝土抗压强度试验报告、混凝土抗渗试验报告、旁站记录、商品混凝土出厂合格证、复试合格证)。

7. 建筑节能分部工程资料

(1) 装饰装修工程原材料进厂：门、窗、涂料、面砖、油漆、钢丝网、石棉网、发泡剂、锚固板、水泥、砂、石子、砖等出厂证明文件或检测报告以及进场验收登记，审批 A10 及其附件(同意进场)。

(2) 装饰装修工程原材料检验：门(三性试验)、窗(三性试验)、玻璃、面砖、水泥、砂、石子检测合格证明以及见证取样登记填登记表，审批 A10 及其附件(同意使用)。

(3) 钢丝网/石棉网安装:审批原材料合格证明文件,隐蔽验收记录,检查验收记录 NB-20,监理工作联系单,监理通知。

(4) 内外墙一般抹灰:砂、水泥(凝结时间)等原材料质量证明文件及试验报告,施工记录,检查验收记录 NB-20,审批原材料,进场登记记录,见证取样记录,审批检验批(030201,010705),监理工作联系单,监理通知。

(5) 外墙面砖粘贴施工:施工记录,面砖拉拔试验,审批检验批(030602),拉拔试验报告,检查验收记录 NB20,监理工作联系单,监理通知。

(6) 内墙、顶棚涂料粉刷施工:施工记录,审批检验批[030801(1,2,3)],检查验收记录 NB20,监理工作联系单,监理通知。

(7) 门、窗标高引测:测量放线,检查验收记录 NB-20,监理工作联系单,监理通知。

(8) 门窗框安装:发泡剂、锚固板的隐蔽验收,检查验收记录 NB-20,审批检验批(030303),隐蔽记录,监理工作联系单,监理通知。

(9) 门窗扇、玻璃安装:玻璃及其附件的合格证明文件,检查验收记录 NB20,审批检验批(030303、030305),监理工作联系单,监理通知。

(10) 建筑地面找平层施工:检查验收记录 NB20,检验批(030104),隐蔽记录,监理工作联系单,监理通知。

(11) 建筑地面水泥砂浆面层施工:检查验收记录 NB20,检验批(030108),监理工作联系单,监理通知。

(12) 护栏及扶手安装:检查验收记录 NB20,检验批(031004),监理工作联系单,监理通知。

(13) 溶剂型涂料涂饰施工:审批原材料及其附件原材料合格证明文件、试验报告,检验批[030802(1,2)]监理工作联系单,监理通知。

(14) 各项试验报告收集:混凝土、砂浆、门、窗、砂浆配比试验报告整理收集。

(15) 装饰装修分部验收:检验批质量验收记录(内外墙一般抹灰、外墙面砖粘贴、内墙、顶棚涂料粉刷、门窗框安装、门窗扇、玻璃安装、建筑地面找平层、水泥砂浆面层、护栏及扶手安装、溶剂型涂料涂饰)、分项评定表、分部评定表、隐蔽验收记录、施工材料预制构件质量证明文件及复试试验报告(①砂、石、砖、水泥、轻集料试验汇总表;②砂、石、水泥、门、窗复试试验报告;③预制构件出厂合格证、试验记录)、施工记录。

8. 工程资料竣工、存档

(1) 竣工预验收:单位工程质量控制资料核查记录 G.0.1-2,单位工程安全和功能检验资料核查及主要功能抽查记录 G.0.1-3,检查验收记录 NB20,监理工作联系单,监理通知。

(2) 申请竣工验收:竣工申请报告,甩项报告。

(3) 竣工验收:单位工程(子单位)验收质量记录 G.0.1-1,单位工程观感质量检查记录 G.0.1-4,竣工验收证明书,竣工验收报告,竣工验收总结,工程质量保修书,过程中形成的以上所有资料,竣工验收评估报告。

17.3.2 工程施工资料表格示例

工程施工资料表格示例如表 17-1—表 17-13 所示。

表 17-1　　施工现场质量管理检查记录　　开工日期：

<table>
<tr><td>工程名称</td><td colspan="2"></td><td>施工许可证
（开工证）</td><td colspan="2"></td></tr>
<tr><td>建设单位</td><td colspan="2"></td><td>项目
负责人</td><td colspan="2"></td></tr>
<tr><td>设计单位</td><td colspan="2"></td><td>项目
负责人</td><td colspan="2"></td></tr>
<tr><td>监理单位</td><td colspan="3"></td><td>总监理
工程师</td><td></td></tr>
<tr><td>施工单位</td><td></td><td>项目
经理</td><td></td><td>项目技术
负责人</td><td></td></tr>
<tr><td>序　号</td><td colspan="3">项　　目</td><td colspan="2">内容</td></tr>
<tr><td>1</td><td colspan="3">现场质量管理制度</td><td colspan="2"></td></tr>
<tr><td>2</td><td colspan="3">质量责任制</td><td colspan="2"></td></tr>
<tr><td>3</td><td colspan="3">主要专业工程操作上岗证书</td><td colspan="2"></td></tr>
<tr><td>4</td><td colspan="3">分包方资质与分包单位的管理制度</td><td colspan="2"></td></tr>
<tr><td>5</td><td colspan="3">施工图审查情况</td><td colspan="2"></td></tr>
<tr><td>6</td><td colspan="3">地质勘察资料</td><td colspan="2"></td></tr>
<tr><td>7</td><td colspan="3">施工组织设计、施工方案及审批</td><td colspan="2"></td></tr>
<tr><td>8</td><td colspan="3">施工技术标准</td><td colspan="2"></td></tr>
<tr><td>9</td><td colspan="3">工程质量检验制度</td><td colspan="2"></td></tr>
<tr><td>10</td><td colspan="3">搅拌站及计算设备</td><td colspan="2"></td></tr>
<tr><td>11</td><td colspan="3">现场材料、设备存放与管理</td><td colspan="2"></td></tr>
<tr><td>12</td><td colspan="3"></td><td colspan="2"></td></tr>
<tr><td colspan="6">检查结论：

总监理工程师：
（建设单位项目负责人）
年　　月　　日</td></tr>
</table>

表 17-2 施工组织设计、施工方案审批表

<table>
<tr><td>工程名称</td><td colspan="2"></td><td>日期</td><td>年 月 日</td></tr>
<tr><td colspan="5">现报上下表中的技术管理文件,请予以审批</td></tr>
<tr><td>类 别</td><td>编制人</td><td>册 数</td><td colspan="2">页 数</td></tr>
<tr><td>施工组织设计</td><td></td><td></td><td colspan="2"></td></tr>
<tr><td>施工方案</td><td></td><td></td><td colspan="2"></td></tr>
<tr><td colspan="5">内容附后</td></tr>
<tr><td colspan="5">申报简述:

申报部门(分包单位) 申报人:</td></tr>
<tr><td colspan="5">审核意见:

□有□无 附页
总承包单位名称: 审核人: 审核日期: 年 月 日</td></tr>
<tr><td colspan="5">审批意见:

审批结论: □ 同意 □ 修改后报 □ 重新编制

审批部门(单位): 审批人: 日期: 年 月 日</td></tr>
</table>

注:附施工组织设计施工方案。

表 17-3　　　　技术交底记录

<table>
<tr><td>工程名称</td><td colspan="2"></td><td colspan="2">施工单位</td><td></td></tr>
<tr><td>交底部位</td><td colspan="2"></td><td colspan="2">工序名称</td><td></td></tr>
<tr><td colspan="6">交底提要：</td></tr>
<tr><td colspan="6">交底内容：</td></tr>
<tr><td>技术负责人</td><td></td><td>交底人</td><td></td><td>接受交底人</td><td></td></tr>
</table>

注：本记录一式两份，一份交接受交底人，一份存档。

表 17-4　　　　　　　　　　　　开　工　报　告

<table>
<tr><td>工程名称</td><td colspan="3"></td><td>工程地点</td><td colspan="3"></td></tr>
<tr><td>施工单位</td><td colspan="3"></td><td>监理单位</td><td colspan="3"></td></tr>
<tr><td>建筑面积</td><td>m^2</td><td>结构层次</td><td></td><td>中标价格</td><td>万元</td><td>承包方式</td><td></td></tr>
<tr><td>定额工期</td><td>天</td><td>计划开工
日期</td><td></td><td>计划竣工
日期</td><td></td><td>合同编号</td><td></td></tr>
<tr><td>说
明</td><td colspan="7"></td></tr>
<tr><td colspan="8">上述准备工作已就绪，定于　　　　　正式开工，希建设(监理)单位于　　　　　前进行审核，特此报告。

施工单位：　　　　　　　　　　　　　　　　　　　　　　　　(公章)

项目经理：　　　　　　　　　　　　　　　　　　　　　　年　　月　　日</td></tr>
<tr><td colspan="8">审核意见：

总监理工程师(建设单位项目负责人)：　　　　　　　　　　　(公章)
年　　月　　日</td></tr>
</table>

表 17-5 **工程竣工报告**

<table>
<tr><td colspan="2">工程名称</td><td></td><td>结构类型</td><td></td></tr>
<tr><td colspan="2">工程地址</td><td></td><td>建筑面积</td><td></td></tr>
<tr><td colspan="2">建设单位</td><td></td><td>开工日期</td><td></td></tr>
<tr><td colspan="2">设计单位</td><td></td><td>完工日期</td><td></td></tr>
<tr><td colspan="2">监理单位</td><td></td><td>合同日期</td><td></td></tr>
<tr><td colspan="2">施工单位</td><td></td><td>工程造价</td><td></td></tr>
<tr><td rowspan="8">竣工条件具备情况</td><td colspan="2">项目内容</td><td colspan="2">施工单位自检情况</td></tr>
<tr><td colspan="2">完成工程设计和合同约定的情况</td><td colspan="2"></td></tr>
<tr><td colspan="2">技术档案和施工管理资料</td><td colspan="2"></td></tr>
<tr><td colspan="2">主要建筑材料、建筑构配件和设备的进场试验报告(含监督抽检)资料</td><td colspan="2"></td></tr>
<tr><td colspan="2">工程款支付情况</td><td colspan="2"></td></tr>
<tr><td colspan="2">工程质量保修书</td><td colspan="2"></td></tr>
<tr><td colspan="2">监督站责令整改问题的执行情况</td><td colspan="2"></td></tr>
<tr><td colspan="2"></td><td colspan="2"></td></tr>
<tr><td colspan="5">已完成设计和合同约定的各项内容，工程质量符合有关法律、法规和工程建设强制性标准，待申请办理工程竣工验收手续。

项目经理:企业

技术负责人:

法定代表人:　　　　(施工单位公章)
年　月　日</td></tr>
</table>

注:附施工组织设计、施工方案。

表 17-6 图纸会审、设计变更、洽商记录汇总表

工程名称		日期	年 月 日
序号	内 容	变更洽商日期	备 注

注:图纸会审、设计变更、洽商记录附后。

表 17-7　　　　**工程定位测量、复测记录**

<table>
<tr><td>建设单位</td><td colspan="2"></td><td>设计单位</td><td colspan="2"></td></tr>
<tr><td>工程名称</td><td colspan="2"></td><td>图纸依据</td><td colspan="2"></td></tr>
<tr><td></td><td colspan="2"></td><td></td><td colspan="2"></td></tr>
<tr><td>引进水
准点位置</td><td></td><td>水准
高程</td><td></td><td>单位工程
±0.000</td><td></td></tr>
<tr><td colspan="6">工程位置草图：　　　　尺寸单位：mm</td></tr>
<tr><td>施
工
单
位</td><td colspan="2">放线人：
复核人：
技术负责人：
年　月　日</td><td>监理
（建设）
单位</td><td colspan="2">建立工程师：
（建设单位项目负责人）：
年　月　日</td></tr>
<tr><td>设
计
单
位</td><td colspan="5"></td></tr>
</table>

表 17-8 钢材检验报告

委托单位： 取样日期： 年 月 日

检验编号： 报告日期： 年 月 日

<table>
<tr><td>工程名称</td><td colspan="3"></td><td>使用部位</td><td colspan="2"></td></tr>
<tr><td>试样编号</td><td>种类名称</td><td>牌号</td><td>等级</td><td>规格</td><td colspan="2">生产厂家</td></tr>
<tr><td></td><td></td><td></td><td></td><td></td><td colspan="2"></td></tr>
<tr><td colspan="2">质量证明书号</td><td>代表数量</td><td>检验日期</td><td>检验依据</td><td colspan="2">检验条件</td></tr>
<tr><td colspan="2"></td><td></td><td></td><td></td><td colspan="2"></td></tr>
<tr><td>检验项目</td><td>直径
（厚度）/mm</td><td>屈服点
（屈服强度）
/MPa</td><td>抗拉强度
/MPa</td><td>伸长率</td><td>冷弯
弯心直径
弯曲角度</td><td>反复弯
曲/次</td></tr>
<tr><td>标准要求</td><td></td><td></td><td></td><td></td><td></td><td></td></tr>
<tr><td rowspan="2">试验
结果</td><td colspan="6"></td></tr>
<tr><td colspan="6"></td></tr>
<tr><td>检测
项目</td><td>碳(C)</td><td>硅(Si)</td><td>锰(Mn)</td><td>磷(P)</td><td>硫(S)</td><td></td></tr>
<tr><td>标准
要求</td><td></td><td></td><td></td><td></td><td></td><td></td></tr>
<tr><td rowspan="2">检验
结果</td><td></td><td></td><td></td><td></td><td></td><td></td></tr>
<tr><td></td><td></td><td></td><td></td><td></td><td></td></tr>
<tr><td>结论</td><td colspan="6"></td></tr>
<tr><td>备注</td><td colspan="6">施工单位：
建设监理单位：</td></tr>
<tr><td colspan="7">试验单位： 负责人： 审核： 试验：</td></tr>
</table>

表 17-9　　　　　　　　　　　　　　　混凝土强度评定

单位工程：

<table>
<tr><td colspan="2">验收批名称</td><td colspan="4"></td><td colspan="3">砼强度等级</td><td colspan="2"></td></tr>
<tr><td rowspan="2">水泥品种及强度等级</td><td colspan="6">配合比(重量比)</td><td rowspan="2">坍落度/cm</td><td rowspan="2">养护条件</td><td rowspan="2">同批砼代表数量/m^3</td><td rowspan="2">结构部位</td></tr>
<tr><td>水</td><td>水泥</td><td>砂</td><td>石子</td><td>外加剂</td><td>掺和料</td></tr>
<tr><td></td><td></td><td></td><td></td><td></td><td></td><td></td><td></td><td></td><td></td><td></td></tr>
<tr><td colspan="11">试件组数 $n=$　　　　　　　　合格判定系数:$\lambda_1=$　　　　　$\lambda_2=$</td></tr>
<tr><td colspan="11">同一验收批强度平均值 $mf_{cu}=$　　　　最小值 $f_{cu,min}=$　　　　标准差 $sf_{cu}=$</td></tr>
<tr><td colspan="11">验收批各组试件强度/MPa</td></tr>
<tr><td colspan="11"></td></tr>
<tr><td colspan="11"></td></tr>
<tr><td colspan="11"></td></tr>
<tr><td colspan="11"></td></tr>
<tr><td colspan="11"></td></tr>
<tr><td colspan="11"></td></tr>
<tr><td colspan="11"></td></tr>
<tr><td colspan="11"></td></tr>
<tr><td colspan="11"></td></tr>
<tr><td colspan="11"></td></tr>
<tr><td colspan="11"></td></tr>
<tr><td colspan="2">非统计方法评定</td><td colspan="5">评定条件：
$mf_{cu}\geqslant 1.15f_{cu}$，
$kf_{cu,min}\geqslant 0.95f_{cu,k}$
计算：</td><td colspan="2">统计方法评定</td><td colspan="2">统计条件：
$mf_{cu}-\lambda_1 sf_{cu}\geqslant 0.9f_{cu}$，
$kf_{cu,min}\geqslant \lambda_2 f_{cu,k}$
计算：</td></tr>
<tr><td colspan="11">验收评定结论：</td></tr>
</table>

技术负责人：　　　　　　　　质量检查员：　　　　　　　　　　　年　　月　　日

表 17-10　　　　灰土地基工程检验批质量验收记录表

GB 50202—2002

<table>
<tr><td colspan="2">单位(子单位)工程名称</td><td colspan="5"></td></tr>
<tr><td colspan="2">分部(子分部)工程名称</td><td colspan="2"></td><td>验收部位</td><td colspan="2"></td></tr>
<tr><td colspan="2">施工单位</td><td colspan="2"></td><td>项目经理</td><td colspan="2"></td></tr>
<tr><td colspan="2">分包单位</td><td colspan="2"></td><td>分包项目经理</td><td colspan="2"></td></tr>
<tr><td colspan="2">施工执行标准名称及编号</td><td colspan="5"></td></tr>
<tr><td colspan="4">施工质量验收规范的规定</td><td colspan="2">施工单位检查评定记录</td><td>监理(建设)单位验收记录</td></tr>
<tr><td rowspan="3">主控项目</td><td>1</td><td>地基承载力</td><td>设计要求</td><td colspan="2"></td><td rowspan="3"></td></tr>
<tr><td>2</td><td>配合比</td><td>设计要求</td><td colspan="2"></td></tr>
<tr><td>3</td><td>压实系数</td><td>设计要求</td><td colspan="2"></td></tr>
<tr><td rowspan="5">一般项目</td><td>1</td><td>石灰粒径/mm</td><td>≤5</td><td colspan="2"></td><td rowspan="5"></td></tr>
<tr><td>2</td><td>土料有机质含量</td><td>≤5</td><td colspan="2"></td></tr>
<tr><td>3</td><td>土颗粒粒径/mm</td><td>≤15</td><td colspan="2"></td></tr>
<tr><td>4</td><td>含水量(与要求的最优含水量比较)</td><td>±2</td><td colspan="2"></td></tr>
<tr><td>5</td><td>分层厚度偏差(与设计要求比较)/mm</td><td>±50</td><td colspan="2"></td></tr>
<tr><td colspan="2" rowspan="2">施工单位检查评定结果</td><td>专业工长(施工员)</td><td></td><td>施工班组长</td><td colspan="2"></td></tr>
<tr><td colspan="5">项目专业质量检查员：　　　　年　月　日</td></tr>
<tr><td colspan="2">监理(建设)单位验收结论</td><td colspan="5">专业监理工程师：
(建设单位项目专业技术负责人)：　　　　年　月　日</td></tr>
</table>

表 17-11 防水混凝土检验批质量验收记录表

A-33 GB 50208—2002

<table>
<tr><td colspan="3">单位(子单位)工程名称</td><td colspan="4"></td></tr>
<tr><td colspan="3">分部(子分部)工程名称</td><td colspan="2"></td><td>验收部位</td><td></td></tr>
<tr><td colspan="2">施工单位</td><td colspan="3"></td><td>项目经理</td><td></td></tr>
<tr><td colspan="3">施工执行标准名称及编号</td><td colspan="4"></td></tr>
<tr><td colspan="4">施工质量验收规范的规定</td><td colspan="2">施工单位检查评定记录</td><td>监理(建设)单位验收记录</td></tr>
<tr><td rowspan="3">主控项目</td><td>1</td><td>原材料、配合比塌落度</td><td>第 4.1.7 条</td><td colspan="2"></td><td rowspan="3"></td></tr>
<tr><td>2</td><td>抗压强度、抗渗压力</td><td>第 4.1.8 条</td><td colspan="2"></td></tr>
<tr><td>3</td><td>细部做法</td><td>第 4.1.9 条</td><td colspan="2"></td></tr>
<tr><td rowspan="3">一般项目</td><td>1</td><td>表面质量</td><td>第 4.1.10 条</td><td colspan="2"></td><td rowspan="3"></td></tr>
<tr><td>2</td><td>裂缝宽度</td><td>≤0.2 mm,并不得贯通</td><td colspan="2"></td></tr>
<tr><td>3</td><td>防水混凝土结构厚度≥250 mm,遮水面保护层 50 mm</td><td>+15 mm,−10 mm,±10 mm</td><td colspan="2"></td></tr>
<tr><td colspan="2" rowspan="2">施工单位检查评定结果</td><td>专业工长(施工员)</td><td></td><td colspan="2">施工班组长</td><td></td></tr>
<tr><td colspan="5">项目专业质量检查员: 年 月 日</td></tr>
<tr><td colspan="2">监理(建设)单位验收结论</td><td colspan="5">专业监理工程师:
(建设单位项目专业技术负责人): 年 月 日</td></tr>
</table>

表17-12 钢筋加工检验批质量验收记录表

GB 50204—2002 010602

A-27 （Ⅰ） 020102

<table>
<tr><td colspan="3">单位(子单位)工程名称</td><td colspan="4"></td></tr>
<tr><td colspan="3">分部(子分部)工程名称</td><td colspan="2"></td><td>验收部位</td><td></td></tr>
<tr><td colspan="2">施工单位</td><td colspan="3"></td><td>项目经理</td><td></td></tr>
<tr><td colspan="3">施工执行标准名称及编号</td><td colspan="4"></td></tr>
<tr><td colspan="5">施工质量验收规范的规定</td><td>施工单位检查评定记录</td><td>监理(建设)单位验收记录</td></tr>
<tr><td rowspan="5">主控项目</td><td>1</td><td colspan="2">力学性能检验</td><td>第5.2.1条</td><td></td><td rowspan="7"></td></tr>
<tr><td>2</td><td colspan="2">抗震用钢筋强度实测值</td><td>第5.2.2条</td><td></td></tr>
<tr><td>3</td><td colspan="2">化学成分等专项检验</td><td>第5.2.3条</td><td></td></tr>
<tr><td>4</td><td colspan="2">受力钢筋的弯钩和弯折</td><td>第5.3.1条</td><td></td></tr>
<tr><td>5</td><td colspan="2">箍筋弯钩形式</td><td>第5.3.2条</td><td></td></tr>
<tr><td rowspan="5">一般项目</td><td>1</td><td colspan="2">外观质量</td><td>第5.2.4条</td><td></td></tr>
<tr><td>2</td><td colspan="2">钢筋调查</td><td>第5.3.3条</td><td></td></tr>
<tr><td rowspan="3">3</td><td rowspan="3">钢筋加工的形状、尺寸</td><td>受力钢筋顺长度方向全长的净尺寸</td><td>±10</td><td></td><td rowspan="3"></td></tr>
<tr><td>弯起钢筋的弯折位置</td><td>±20</td><td></td></tr>
<tr><td>箍筋内净尺寸</td><td>±5</td><td></td></tr>
<tr><td rowspan="2">施工单位检查评定结果</td><td colspan="2">专业工长(施工员)</td><td colspan="2"></td><td>施工班组长</td><td></td></tr>
<tr><td colspan="6">项目专业质量检查员： 年 月 日</td></tr>
<tr><td>监理(建设)单位验收结论</td><td colspan="6">专业监理工程师：
(建设单位项目专业技术负责人)： 年 月 日</td></tr>
</table>

表 17-13　　一般抹灰工程检验批质量验收记录表

A-84　　GB 50210—2001　　030201

<table>
<tr><td colspan="3">单位(子单位)工程名称</td><td colspan="5"></td></tr>
<tr><td colspan="3">分部(子分部)工程名称</td><td colspan="2"></td><td colspan="2">验收部位</td><td></td></tr>
<tr><td colspan="2">施工单位</td><td colspan="3"></td><td colspan="2">项目经理</td><td></td></tr>
<tr><td colspan="2">分包单位</td><td colspan="3"></td><td colspan="2">分包项目经理</td><td></td></tr>
<tr><td colspan="3">施工执行标准名称及编号</td><td colspan="5"></td></tr>
<tr><td colspan="5">施工质量验收规范的规定</td><td colspan="2">施工单位检查评定记录</td><td>监理(建设)单位验收记录</td></tr>
<tr><td rowspan="4">主控项目</td><td>1</td><td colspan="2">基层表面</td><td>第 4.2.2 条</td><td colspan="2"></td><td rowspan="4"></td></tr>
<tr><td>2</td><td colspan="2">材料品种和性能</td><td>第 4.2.3 条</td><td colspan="2"></td></tr>
<tr><td>3</td><td colspan="2">操作要求</td><td>第 4.2.4 条</td><td colspan="2"></td></tr>
<tr><td>4</td><td colspan="2">层粘结及面层质量</td><td>第 4.2.5 条</td><td colspan="2"></td></tr>
<tr><td rowspan="5">一般项目</td><td>1</td><td colspan="2">表面质量</td><td>第 4.2.6 条</td><td colspan="2"></td><td rowspan="5"></td></tr>
<tr><td>2</td><td colspan="2">细部质量</td><td>第 4.2.7 条</td><td colspan="2"></td></tr>
<tr><td>3</td><td colspan="2">层与层间材料要求层总厚度</td><td>第 4.2.8 条</td><td colspan="2"></td></tr>
<tr><td>4</td><td colspan="2">分格缝</td><td>第 4.2.9 条</td><td colspan="2"></td></tr>
<tr><td>5</td><td colspan="2">滴水线(槽)</td><td>第 4.2.10 条</td><td colspan="2"></td></tr>
<tr><td rowspan="5"></td><td rowspan="5">6</td><td rowspan="5">允许误差</td><td>立面垂直度</td><td>4</td><td colspan="2"></td><td rowspan="5"></td></tr>
<tr><td>表面平整度</td><td>4</td><td colspan="2"></td></tr>
<tr><td>阴阳角方正</td><td>4</td><td colspan="2"></td></tr>
<tr><td>分格条(缝)直线度</td><td>4</td><td colspan="2"></td></tr>
<tr><td>墙裙、勒脚上口直线度</td><td>4</td><td colspan="2"></td></tr>
<tr><td colspan="3" rowspan="2">施工单位检查评定结果</td><td colspan="2">专业工长(施工员)</td><td></td><td>施工班组长</td><td></td></tr>
<tr><td colspan="5">项目专业质量检查员：　　年　月　日</td></tr>
<tr><td colspan="3">监理(建设)单位验收结论</td><td colspan="5">专业监理工程师：
(建设单位项目专业技术负责人)：　　年　月　日</td></tr>
</table>

17.3.3 工程资料整理及上报顺序

1. 进场开始

（1）工程技术文件报审表(附施工组织设计)。

（2）分包单位资质报审表(附企业资质)。

（3）项目管理人员名单(附资格证书复印件)。

（4）与甲方办理进场手续、签订安全协议。

还应注意整理以下内部资料：

（1）施工队伍人员名单(附身份证复印件及特殊工种上岗证复印件)。

（2）对施工队进行现场及书面的安全、技术交底并存档。

（3）技术资料，将经设计签认的图纸存档作为施工的依据(随时存档图纸的变化)。

（4）工程合同及施工队的合同招投标文件与中标通知书。

（5）按需要与施工队签订协议作为对合同的补充并存档。

（6）要求甲方提供书面的控制线交底和安装的技术交底并存档。

2. 材料进场

工程物资进场报验表[附材料构(配)件进场检验记录、产品合格证、检测报告等]。还应注意整理以下内部资料：

（1）材料进场的票据、进场时间、数量、经手人记录存档。

（2）材料的产品合格证、检测报告等及时地追索并要求证明文件的有效性(如出具的时间、时效、是否有单位盖章)。

（3）工程安装报验。

（4）工程样板报验。

（5）如有要求可自制表格(写明位置、报验内容、时间等)。

（6）分项/分部工程施工报验表。

（7）按要求附隐蔽工程检查记录、检验批质量验收记录表等。

（8）交接检查记录。

（9）与上下道工序相关单位进行试验、检测。

（10）三性检测、拉拔试验、探伤、胶的相容性试验等(按要求选做，由甲方选型、抽样)。

3. 工程施工阶段

（1）施工进度计划。

（2）材料进场计划。

（3）人员调配计划。

（4）机具进场计划。

（5）试验检测计划。

(6) 资料报验计划。

(7) 施工日志:包含天气变化、施工内容进度、安全管理内容、重要事件的发生记录。

4. 工程经济、技术文件

(1) 工程洽商变更、收发文记录、报价单、认价单存档。

(2) 图纸及图纸变更存档。

5. 工程竣工

(1) 竣工资料整理。

(2) 工程决算单与施工队的决算单。

(3) 工程移交。

(4) 工程总结。

17.4 实训项目资料整理

根据附录施工图及训练教材描述对应工程的施工工作,各小组编写所属分部的相应资料。

1. 编写工程施工记录

填写工程定位记录、技术复核记录、地基验槽记录、工程试打桩记录、桩基础施工记录、隐蔽工程验收记录、混凝土工程施工记录、施工日志等。

2. 编写安全及功能检验资料

填写屋面淋水记录,地下室防水效果检查记录,有防水要求的地面蓄水记录,建筑物垂直度、标高、全高测量记录,建筑物沉降观测记录,抽气(风)道检查记录。

3. 编写工程施工质量验收记录

填写检验批、分项、分部、单位工程验收资料。

17.5 实训成果评价

学生自评要点:评价自己是否对于编写工程资料已经有所了解,包括表式,施工记录等内容,是否可以进行分类编写。

教师评价要点:编写的表式是否选择正确,施工记录等内容分类编写是否符合要求,结合 14 项收集资料,观察同学们这次的资料分类整理和编写有没有进步。

17.6 思考题

(1) 工程开工前要准备哪些资料?

（2）工程施工管理有哪些资料需要填写？

（3）工程施工技术有哪些资料要填写？

（4）工程施工测量有哪些资料要填写？

17.7　教学建议

教师在本部分实训完成后，应进行反思，经过这三部分的实训课程同学们是否已经对工程资料的管理有所了解和掌握，知道该从何入手？经过交流讨论是否可以发现并解决问题，做到思绪不乱，严格按照规范要求对工程资料把关？教师自己应反思，在实训过程中出现过的问题，做到举一反三，带动学生们的积极性，参与讨论。给同学们时间去认识和理解工程资料管理的重要性，适时给同学们引导。

任务18　工程资料归档

18.1　实训目标

工程资料组卷、装订、归档能力训练目标为：

(1) 能够将工程资料进行分类、组卷、编制目录并制作卷宗封面。

(2) 能够进行工程资料的装订、入盒、归档。

18.2　学习重点与难点

学习重点：工程资料的组卷、装订归档。

学习难点：工程资料装订归档的质量要求。

18.3　归档资料的质量要求

(1) 归档的工程文件资料应为原件。在不能使用原件时，提供单位应在复印件上加盖单位印章，并应有经办人签字及日期。提供单位应对资料的真实性负责。

(2) 工程文件资料的内容及其深度必须符合国家有关勘察、设计、施工、监理等方面的技术规范、标准和规程。

(3) 工程文件资料的内容必须真实、准确，与工程实际相符合。

(4) 工程文件资料应采用耐久性强的书写资料，如：碳素墨水、黑墨水、蓝黑墨水，不得使用易褪色的书写资料。如：红墨水、纯蓝墨水、圆珠笔、复写纸、铅笔等。

(5) 工程文件资料应字迹清楚，图样清晰，表格整洁，签字盖章手续完备。

(6) 工程文件资料中的文字材料幅面尺寸规格应为A4幅面(297 mm×210 mm)，小于此规格的应要进行托裱。工程图纸宜采用国家标准图幅。

(7) 工程文件资料的纸张应采用能够长期保存的韧力大、耐久性强的纸张。

(8) 竣工图的绘制应符合国家现行有关标准的规定：

① 利用电子版施工图改绘的竣工图，竣工图章可直接绘制电子版竣工图签，出图后应有相关责任人的签字。

② 利用施工图蓝图改绘的竣工图应使用新晒制的蓝图，不得使用复印图纸。

③ 利用翻晒硫酸图纸改绘的竣工图，宜晒制成蓝图后，再加盖竣工图章。

(9) 归档的工程文件资料必须使用线装订。

18.4　工程资料归档整理

工程资料的组卷、装订归档是资料员工作行为的重要一环，是工程资料管理能力的落脚点之一。本项任务要求各组按照《建设工程文件归档规范》(GB/T 50328—2014)要求，将本组在任务 15 和任务 18 中所收集、编写形成的应资料进行归档前重新分类，并整理、装订成册、归档。

18.5　实训成果评价

按表 18-1 的时间安排进行时间的安排与进度的自评。

表 18-1　　项目实训进度安排资评标

<table>
<tr><th>次序</th><th colspan="2">教学内容</th><th>学时/d</th><th>评价结果</th></tr>
<tr><td rowspan="4">1</td><td rowspan="4">开工前准备资料、建筑工程管理与技术资料基本知识</td><td>熟悉和掌握相关知识要点</td><td rowspan="4">0.5</td><td rowspan="4"></td></tr>
<tr><td>书面解答相关问题</td></tr>
<tr><td>熟悉和掌握相关知识要点</td></tr>
<tr><td>根据实例完成相关任务</td></tr>
<tr><td rowspan="2">2</td><td rowspan="2">地基与基础分部工程资料</td><td>熟悉和掌握相关知识要点</td><td rowspan="2">0.5</td><td rowspan="2"></td></tr>
<tr><td>根据实例完成相关任务</td></tr>
<tr><td rowspan="2">3</td><td rowspan="2">主体分部工程资料</td><td>熟悉和掌握相关知识要点</td><td rowspan="2">0.5</td><td rowspan="2"></td></tr>
<tr><td>根据实例完成相关任务</td></tr>
<tr><td rowspan="4">4</td><td rowspan="2">装饰装修分部工程资料</td><td>熟悉和掌握相关知识要点</td><td rowspan="4">0.5</td><td rowspan="4"></td></tr>
<tr><td>根据实例完成相关任务</td></tr>
<tr><td rowspan="2">屋面分部工程资料</td><td>熟悉和掌握相关知识要点</td></tr>
<tr><td>根据实例完成相关任务</td></tr>
<tr><td rowspan="2">7</td><td rowspan="2">节能分部工程资料</td><td>熟悉和掌握相关知识要点</td><td rowspan="4">0.5</td><td rowspan="4"></td></tr>
<tr><td>根据实例完成相关任务</td></tr>
<tr><td rowspan="2">8</td><td rowspan="2">工程资料竣工、存档</td><td>熟悉和掌握相关知识要点</td></tr>
<tr><td>根据实例完成相关任务</td></tr>
<tr><td>总计</td><td colspan="2"></td><td>2.5</td><td></td></tr>
</table>

各小组分别将自己编制的书面成果(称“答辩小组”成果)在答辩前按要求送交给指定的小组(称“考核小组”)。各个小组分工事先保密,在答辩前方可公布。公布之后“考核小组”对答辩小组成员的工作进行考核记录与评价,含实训成果、答辩表现等。

18.6 思考题

(1) 竣工图的绘制应符合哪些标准?

(2) 简要谈谈归档文件资料的质量要求。

(3) 工程文件归档可分为哪几类?

(4) 工程资料的归档有哪些要求?

18.7 教学建议

教师在完成本期实训课程后,应进行反思:每组学生在资料归档前教师有没有组织学生做好资料的收集和编写?教师有没有把资料归档的要求跟学生讲清楚?学生是不是严格按照教师的规范来执行?教师能否在整个工程资料管理的实训周里充分发挥学生的主观能动性,让他们在模拟的工作环境中把工程资料的收集、汇编、归档,竣工图的编制及折叠这些步骤都演练一遍?教师应该鼓励学生大胆质疑,敢于提出所遇到的各种问题,积极交流讨论,解决所遇困难,开辟平坦的学习之路。

附录 A

多层砌体结构施工图

建筑施工图设计统一说

一、工程概况

1.项目名称：上海某多层砌体结构房屋

2.设计依据：

规划、建委及各主管部门和配套部门的批复。

本项目总图及其他相关专业所提资料。

中华人民共和国及地方有关部门颁布的设计规范和政策。

3.建筑物耐火等级：二级，屋面防水等级：II级。

4.本工程设计使用年限为 50 年，建筑结构安全等级为二级，抗震设防烈度为7度。

二、一般说明

1. 本工程室内地坪标高 ±0.000 相当于绝对标高 5.000m ，室内外高差450mm ，室外绝对标高 4.550m。
2. 本设计尺寸标注除特殊说明外均以毫米计，标高以米计。
3. 施工前土建工程应与其他专业密切配合，仔细校核，避免往返交叉和遗漏；墙体留洞，剔槽及埋管需计算确定精心施工；施工中应与各专业工种图纸配合施工，并严格遵守国家的有关标准及各项施工验收规范。

三、墙体工程

1. 墙体材料、墙体厚度和强度及砌筑要求，详见建施图纸和结施施工说明的要求。
   ±0.000 以下可采用 MU15 标准多孔黏土砖，M10 水泥砂浆砌筑。缝灌 M10 水泥砂浆。
   ±0.000 以上一至四层采用 120、240 厚 MU10 标准多孔黏土砖，M5 混合砂浆砌筑。
   ±0.000 以上四层以上采用 120、240 厚 MU10 标准多孔黏土砖，M7.5 混合砂浆砌筑。
   面标高一 0.060，设 100 厚防潮带，做法为 C20 细石混凝土。
2. 在男女厕所周边墙体楼地面处现浇 C20 混凝土 200 厚，宽度同该处墙体，与楼地面同时浇筑。
3. 墙面粉刷前，所有与钢筋混凝土构件接缝处，双面均须钉厚度为 0.5 ，菱形网孔边长不大于 8mm 的镀锌钢丝网，网宽每侧不小于 200mm。
4. 内墙砌筑高度详见图中注释，所有穿墙管道缝隙均以不燃材料填塞密实。

四、楼地面工程

1. 楼地面具体做法均见本图建筑装修表。
2. 卫生间等有水房间，地面做不小于 0.5% 的排水坡，坡向地漏，地面低于同层地面高度见各平面图及相应的平面放大图。
3. 有水房间管线穿楼板时，均做预留套管，待立管安装好后，管壁与套管间填岩棉，油膏嵌缝。
4. 管道井楼板配筋保留，在管道井管道安装完毕后，每层均用 C20 混凝土在楼板位置封堵管道井，并于楼板处，给管道做预留套管，待立管安装好后，管壁与套管间填塞耐火岩棉。
5. 建筑物四周设置明沟，明沟纵向泛水坡度0.5%，坡向雨水收水口，详见总体施工图。

五、屋面工程

1. 屋面设保温层 防水层；防水等级为二级 防水层耐用年限 15 年。
   防水材料为合成高分子防水卷材，保温隔热材料为挤塑聚苯乙烯泡沫板。具体详见屋面用料表及相关图纸。
2. 屋面排水为有组织排水，采用 Φ110UPVC 雨水管。

六、装修工程

1. 内外装修做法见材料与做法表，立面及墙身节点 具体装修按业主二次装修设计定。
2. 内外装修材料及色彩需做小样，经建设单位会同设计单位确定后方可施工。
3. 外露柱，梁及其他混凝土构件应先去油污，刷一道素水泥浆后再粉刷 凡室内阳角均做 2m 高护角线，用1:2.5水泥砂浆每边粉45宽
4. 墙体留洞嵌入箱柜（消火栓箱，器械柜）等穿透墙壁时待箱柜固定洞中后 箱柜背面洞口钉钢板网再做内墙粉刷。
5. 本工程吊顶均为不上人轻钢龙骨、石膏板吊顶和铝合金条板吊顶，吊顶详见二次装修图，必须严格按照 98SJ230（二）国家标准图集中的技术要求进行施工。
6. 所有较高级材料及较重要设备必须由业主、设计单位、施工单位三方认可，才能施工。

七、门窗工程

1. 外墙门立樘居墙中，内墙门立樘与开启方向平。
2. 所有木门及木制品除注明外，均采用硬木。
3. 所有窗均立墙中 所有外门窗除特殊备注外皆为塑钢门窗，门选用80 系列产窗选用50 系列。外门窗的保温系数不大于 $2.5W/(m \cdot k^2)$。
4. 窗台高度小于 900mm时，室内加设不锈钢栏 900mm高（型式二次装修
5. 外门窗选用普通 5+12A+5 中空玻璃，外铝合金门窗气密性能按4级标外窗的遮阳系数小于0.4，玻璃的可见光透射比大于0.4，门窗玻璃均白玻璃，卫生间玻璃为磨砂玻璃。
6. 门窗洞土建预留尺寸应与铝板幕墙专业设计施工单位相配合。
7. 面积大于1.5 m^2的窗玻璃或玻璃底边离最终装修面小于500mm 的落地玻璃采用10mm安全玻璃；面积大于 0.5 m^2的门玻璃采用 10mm安

八、油漆工程

1. 除室内装修及其他特殊要求者外，内门，隔断等木制品正反均作一底三度聚氨酯
2. 明露钢材面：除锈要求达到 Sa2.5 级或 St3 级，刷聚氨酯富锌底漆（漆膜厚不小于 80 um）；云铁聚氨酯中间漆一度（漆膜厚不小于40 u面刷聚氨酯磁漆二度（漆膜厚不小于60 um）；总漆膜厚度不小于180
   不外露钢材面：除锈要求达到 St3 级，刷聚氨酯富锌底漆二度。
3. 凡木料与砌体接触部分应满浸防腐涂料。

九、其他

本设计所采用标准图除注明外，均按本说明施工 本说明未尽事宜均按国家及当地现装验收规范执行。

内墙1	内墙涂料

1. 刷白色乳胶漆一底二度，无墙裙处均做 150 高踢脚线，做法同该处楼地面
2. 5mm 厚 1:0.3:2.5水泥石灰膏砂浆罩面 满刮腻
3. 15mm 厚 1:1:4 混合砂浆打底扫毛

内墙2	墙面砖瓷砖

1. 彩色墙面砖，白色勾缝剂勾缝，贴至吊平顶底
2. 3mm 厚专用面砖粘结剂贴面层
3. 5mm 厚1:2.5 水泥砂浆中层
4. 15mm 厚1:3 水泥砂浆打底

外墙1	涂料墙

1. 外墙涂料二度色另定
2. 5mm 厚聚合物抗裂砂浆（压入耐碱玻纤网格布）
3. 25mm 厚胶粉聚苯颗粒保温浆料

墙裙1	水泥砂浆墙裙（1.2m）

1. 银灰色硅改性丙稀酸涂料一底二度
2. 10mm 厚1:2 水泥砂浆粉面抹光，满刮腻子
3. 15mm 厚1:3 水泥砂浆打底

建 筑 装 修 表

楼 层	房间名称	楼 地 面	墙 面	墙 裙	顶 棚
首 层	楼梯间 走廊	地1	内墙1		棚1
	弱电房 配电房	地2	内墙1	墙裙1	棚1
	洗衣房 卫生间	地3	内墙2		棚2
	杂务间 值班室 宿舍	地3	内墙1		棚1
	大堂	地4	内墙1		棚1
	室外台阶	地4			
二 层 至 顶 层	楼梯间 走廊	楼1	内墙1		棚1
	卫生间	楼2	内墙2		棚2
	宿舍	楼3	内墙1		棚1
	屋顶夹层	楼4			
屋面	坡屋面	屋1			
	平屋面	屋2			

材 料 与 做 法 表

楼1	玻化地砖楼面

1. 500mm×500mm玻化地砖面层，纯水泥砂浆填缝
（楼梯踏步面改用防滑地砖楼梯踏步边钉成品铜包角或不锈钢包角防滑条）
2. 30mm厚1:3干硬性水泥砂浆结合层，表面撒水泥粉
3. 钢筋混凝土现浇板，刷水泥浆一道（内掺建筑胶）

楼2	防滑地砖楼面

1. 8~10mm厚防滑地砖面层，干水泥砂浆擦缝
2. 5mm厚纯水泥浆加建筑胶粘结层
3. 1:2水泥砂浆找平层，向地漏找0.5%坡，最薄处20mm厚
4. 1.5mm厚聚氨酯三遍涂膜防水层（周边翻起400mm高），防水层表面撒适当细砂
5. 钢筋混凝土现浇板随捣随抹平，刷水泥浆一道

楼3	地砖楼面

1. 8~10mm厚防滑地砖面层，干水泥砂浆擦缝
2. 5mm厚纯水泥浆加建筑胶粘结层
3. 20mm厚1:2水泥砂浆找平层
4. 钢筋混凝土现浇板随捣随平，刷水泥浆一道

楼4	混凝土楼面

1. 现浇钢筋混凝土楼板随捣随平

棚1	涂料顶棚

1. 现浇钢筋混凝土板底用10%火碱清洗油腻
2. 满刮腻子
3. 刷乳胶漆一底二度（白色）

地1	玻化地砖地面

1. 500mm×500mm玻化地砖面层，纯水泥砂浆填缝
2. 30mm厚1:3干硬性水泥砂浆结合层，表面撒水泥粉
3. 120mm厚C15混凝土垫层，面刷水泥砂浆一道（内掺建筑胶）
4. 150mm厚碎石垫层夯实
5. 素土分层回填夯实 （$\lambda_c \geqslant 0.94$）

地2	细混凝土地面

1. 40mm厚C25细石混凝土随捣随压光，面刷一底二度环氧阻燃漆（土黄色）
2. 100mm厚C15混凝土垫层，面刷水泥砂浆一道（内掺建筑胶）
3. 150mm厚碎石垫层夯实
4. 素土分层回填夯实 （$\lambda_c \geqslant 0.94$）

地3	防滑地砖地面

1. 8~10mm厚防滑地砖面层，干水泥砂浆擦缝
2. 5mm厚纯水泥浆加建筑胶粘结层
3. 聚氨酯防水层1.5mm厚（防水层表面撒粘适量细砂，
防水层在墙柱交接处翻起高度不小于250mm）
4. 20mm厚1:3水泥砂浆找平层
5. 150mm厚C15混凝土垫层，面刷水泥砂浆一道（内掺建筑胶）
6. 150mm厚碎石垫层夯实
7. 素土分层回填夯实 （$\lambda_c \geqslant 0.94$）

地4	毛面花岗岩地面

1. 20mm厚毛面花岗岩面层，纯水泥砂浆填缝
2. 20mm厚1:3干硬性水泥砂浆结合层，表面撒水泥粉
3. 120mm厚C15混凝土垫层，面刷水泥砂浆一道（内掺建筑胶）
4. 150mm厚碎石垫层夯实
5. 素土分层回填夯实 （$\lambda_c \geqslant 0.94$）

勘察设计有限公司 （工程设计 甲 级 证书编号 ）									
审 定			校 对			工程名称	上海某职业技术学院	阶 段	施工
审 核			设 计			项目名称	多层砌体结构房屋	出图日期	
项目总负责			绘 图					比 例	
专业负责						图 名	建筑施工设计统一说明	工程编号	
								图 号	建施-01

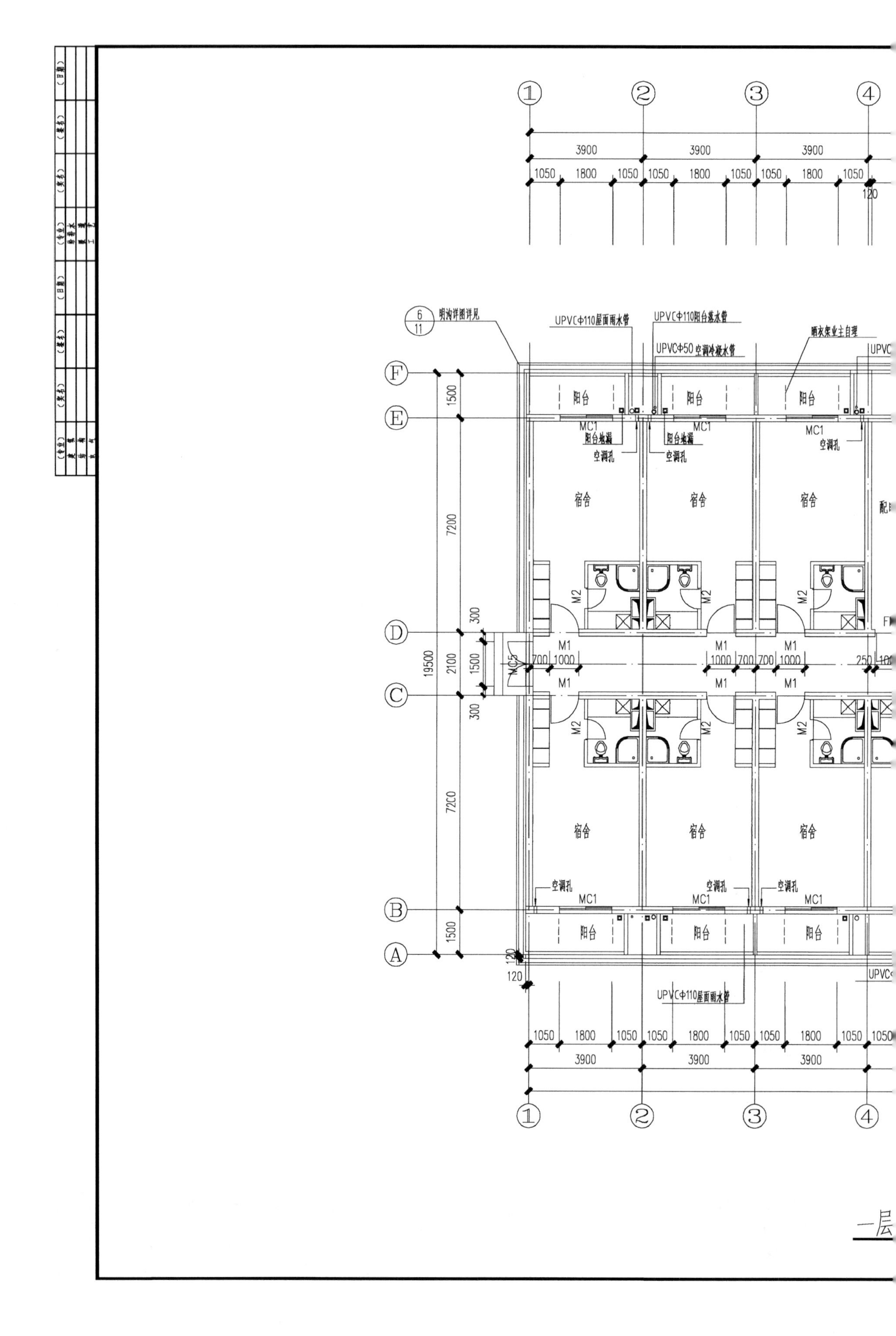

明沟详图详见
UPVCΦ110屋面雨水管
UPVCΦ110阳台排水管
UPVCΦ50空调冷凝水管
晒衣架业主自理
阳台
MC1
阳台地漏
空调孔
宿舍
M2
M1
MC5
19500
7200
2100
1500
300
3900
1050
1800
120
一层

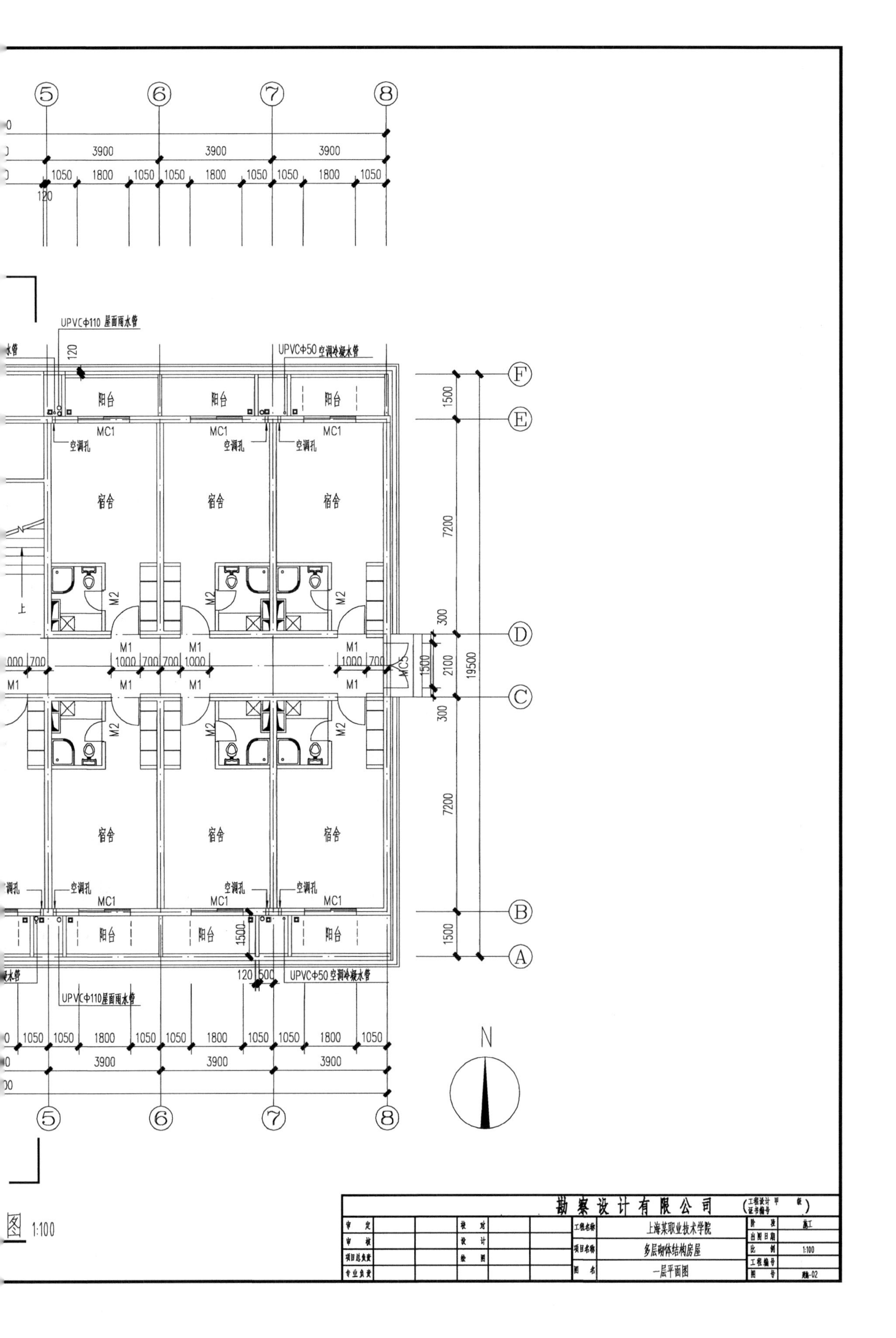

UPVCΦ110 屋面雨水管
UPVCΦ50 空调冷凝水管
阳台
MC1
空调孔
宿舍
M1
M2
MC5
上
3900
1050
1800
120
1500
7200
300
2100
19500
N
图 1:100
勘察设计有限公司
工程名称 上海某职业技术学院
项目名称 多层砌体结构房屋
图名 一层平面图
审定
审核
项目总负责
专业负责
校对
设计
绘图
阶段 施工
出图日期
比例 1:100
工程编号
图号

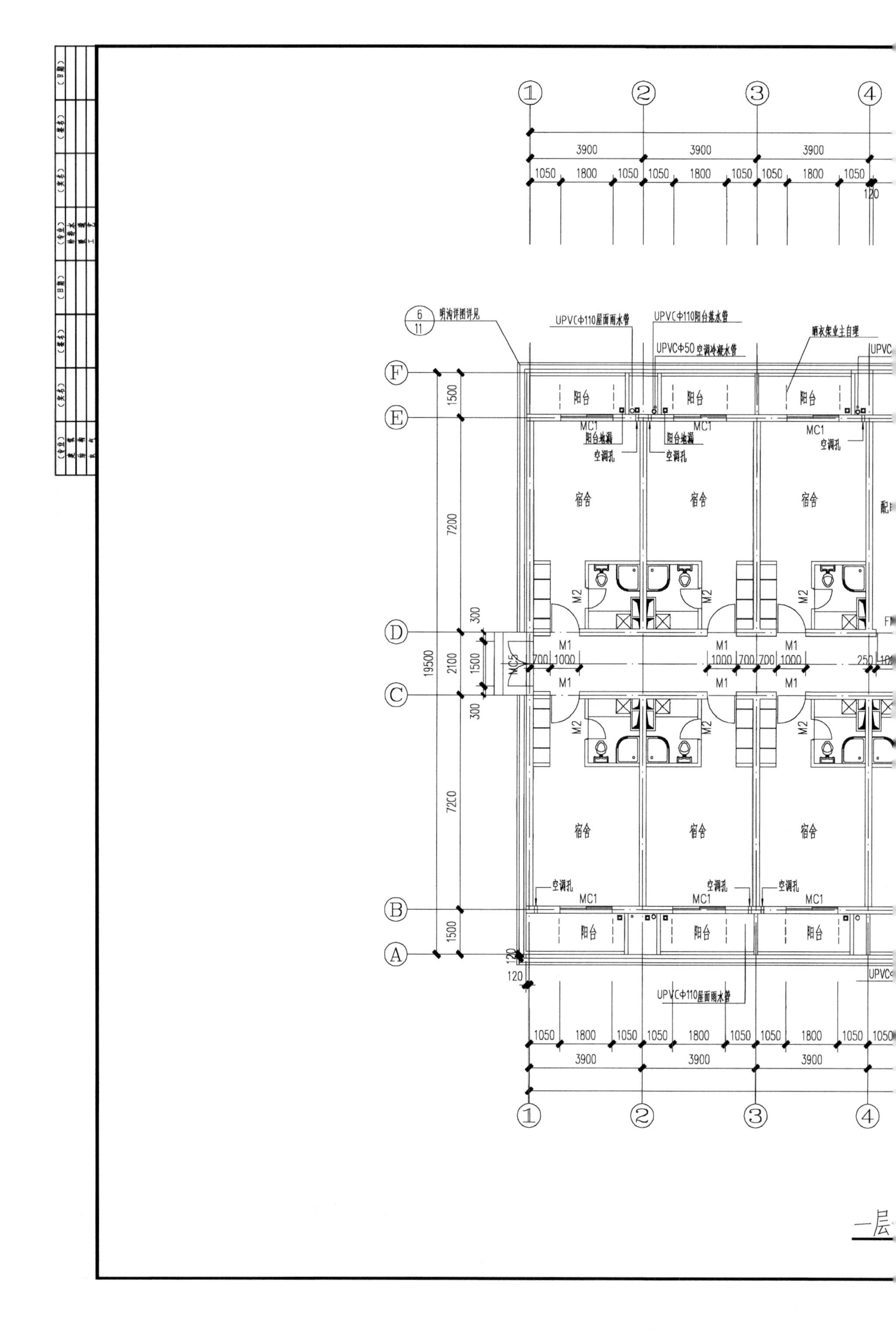

明沟详图详见
UPVCΦ110屋面雨水管
UPVCΦ110阳台排水管
UPVCΦ50空调冷凝水管
晒衣架业主自理
阳台
宿舍
阳台地漏
空调孔
MC1
M1
M2
19500
7200
3900
1050
1800
一层

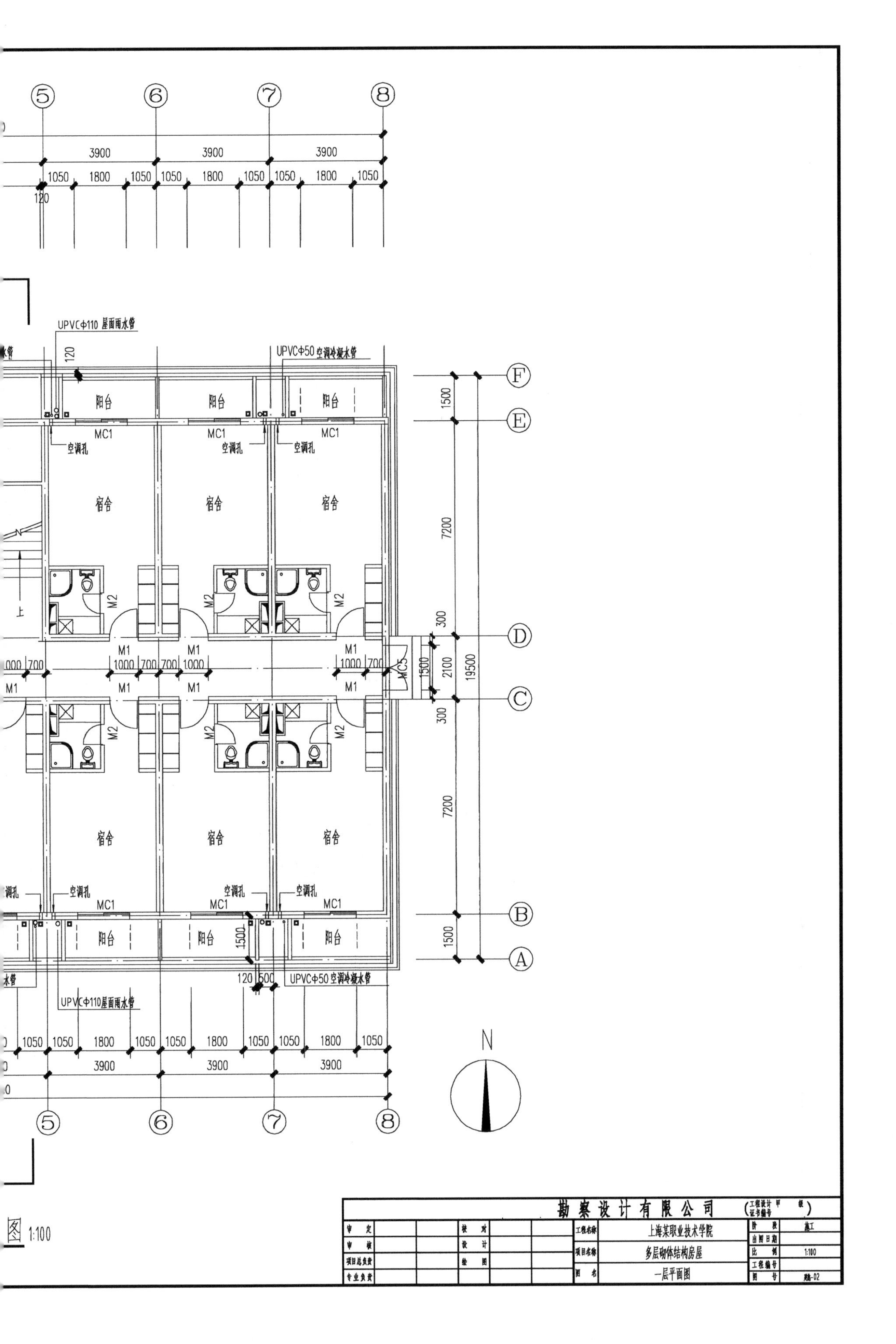

UPVCΦ110 屋面雨水管
UPVCΦ50 空调冷凝水管
阳台
MC1
空调孔
宿舍
M1
M2
MC5
3900
1050
1800
120
1500
7200
300
2100
19500
N
勘察设计有限公司
工程名称 上海某职业技术学院
项目名称 多层砌体结构房屋
图名 一层平面图
阶段 施工
比例 1:100
1:100

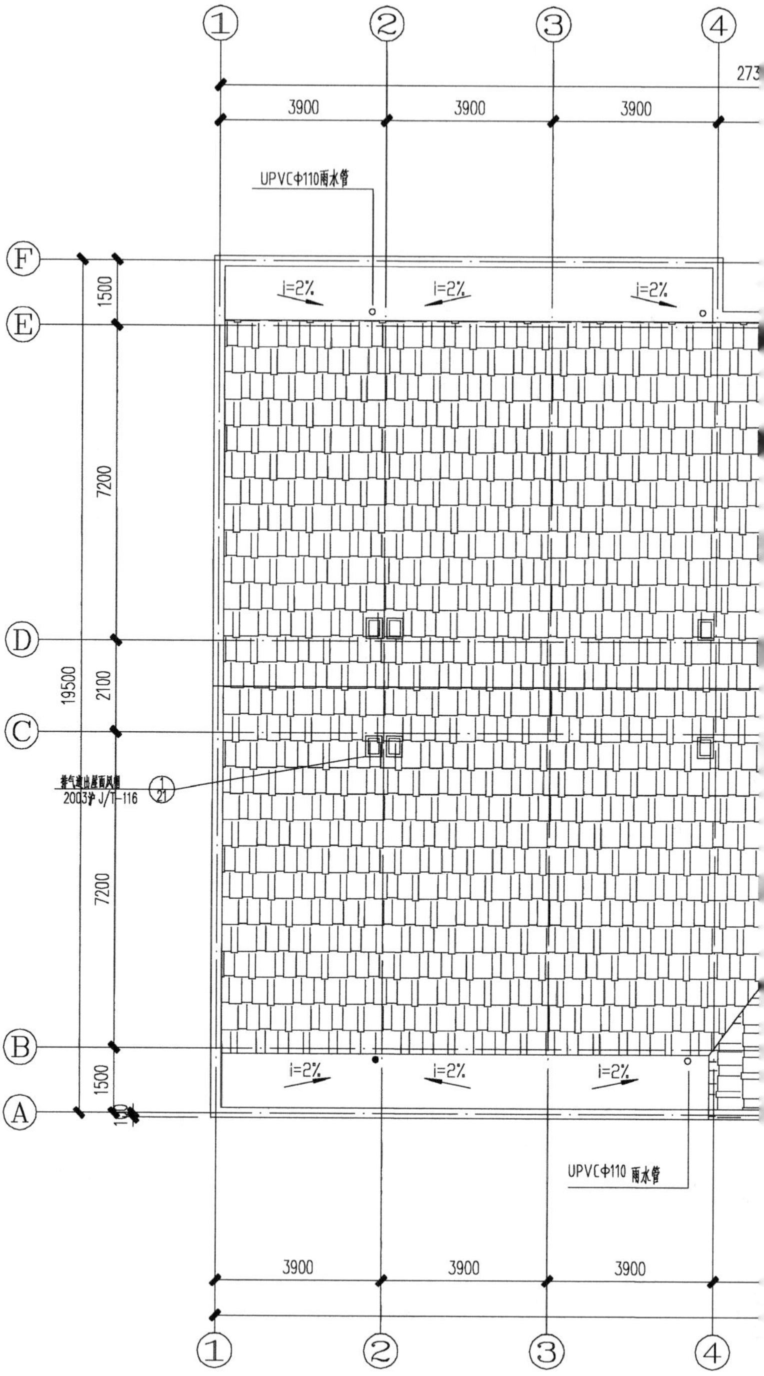

UPVCΦ110雨水管

i=2%

i=2%

i=2%

i=2%

i=2%

i=2%

排气道出屋面风帽
2003沪J/T-116

UPVCΦ110 雨水管

3900 3900 3900

273

1500 7200 2100 7200 1500

19500

3900 3900 3900

屋顶

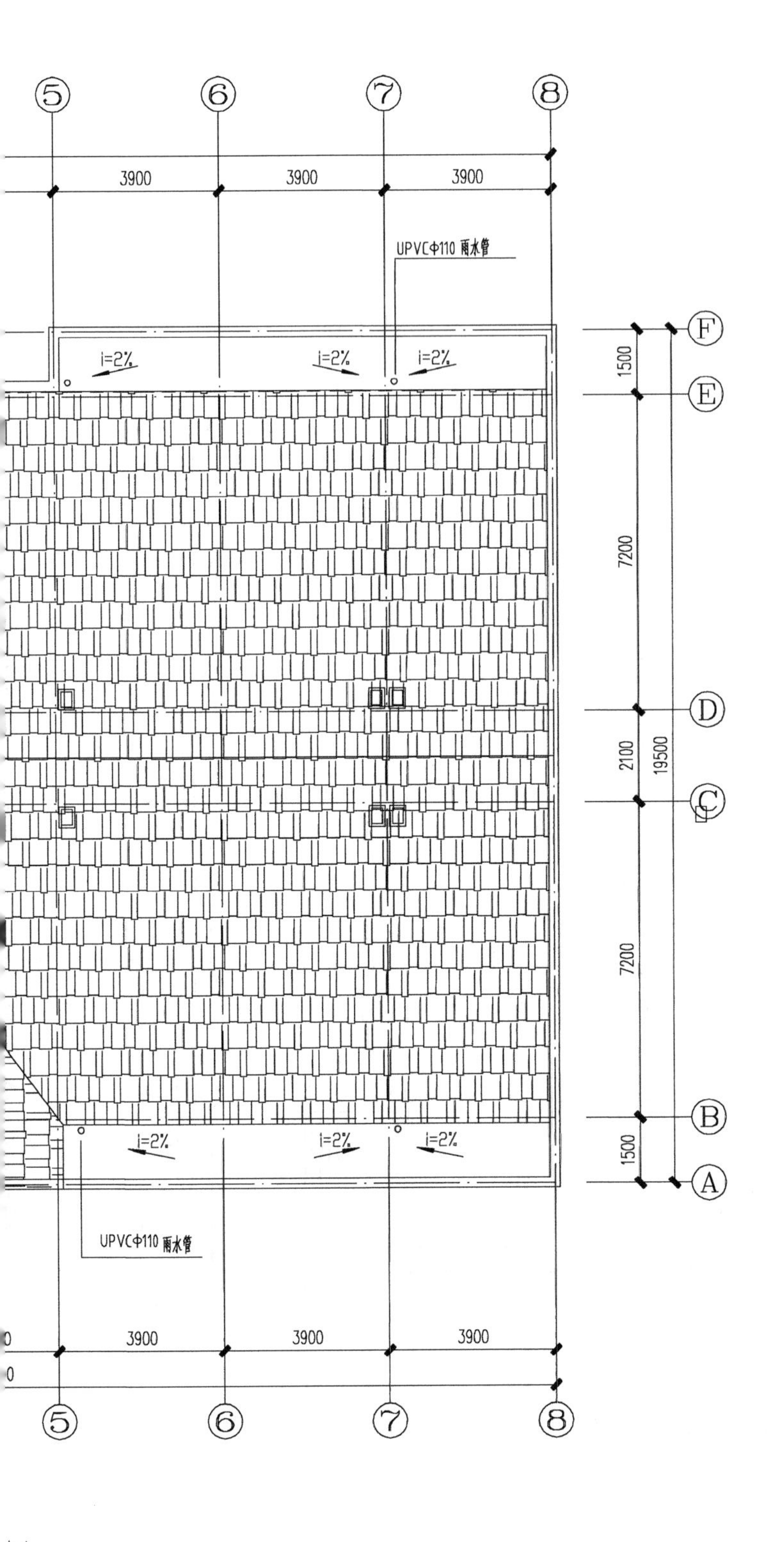

图 1:100

勘察设计有限公司									(工程设计证书编号 甲 级)	
审定			校对			工程名称	上海某职业技术学院		阶段	施工
审核			设计			项目名称	多层砌体结构房屋		出图日期	
项目总负责			绘图						比例	1:100
专业负责						图名	屋顶平面图		工程编号	
									图号	建施-04

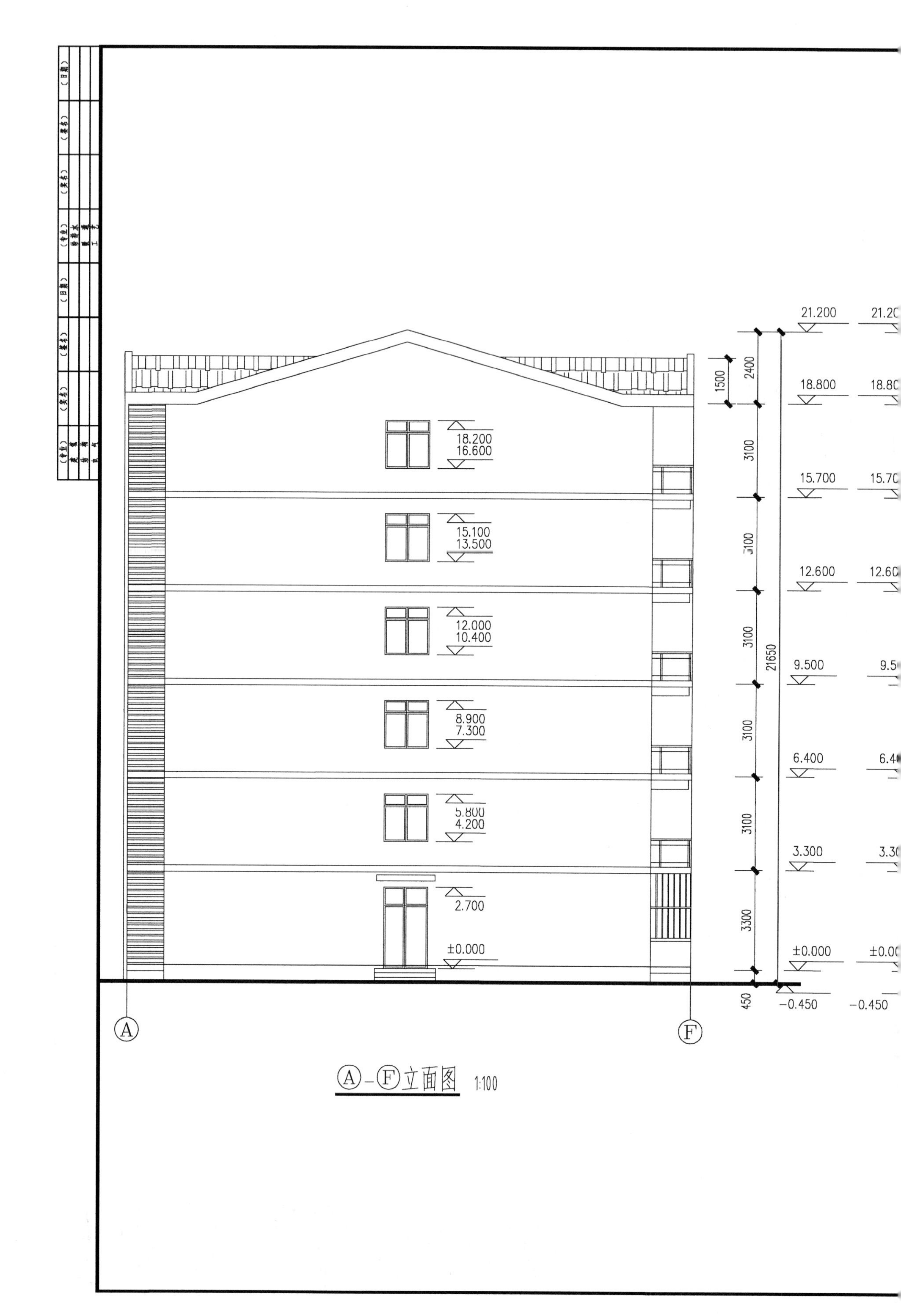
21.200
18.800
15.700
12.600
9.500
6.400
3.300
±0.000
-0.450
18.200
16.600
15.100
13.500
12.000
10.400
8.900
7.300
5.800
4.200
2.700
2400
1500
3100
3300
450
21650
A
F

Ⓐ-Ⓕ立面图 1:100

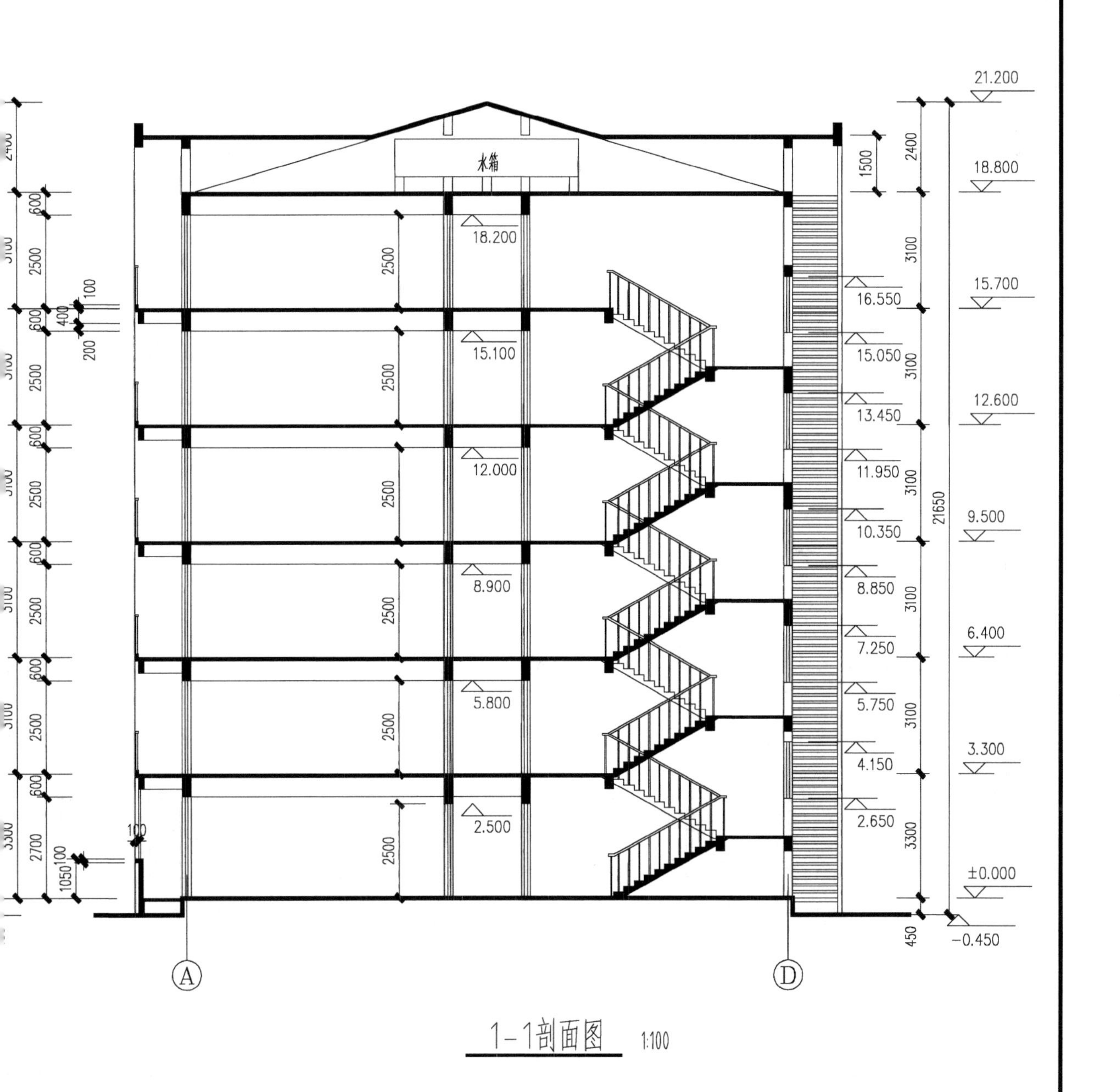

1-1剖面图 1:100

勘察设计有限公司								(工程设计证书编号 甲 级)	
审定			校对			工程名称	上海某职业技术学院	阶段	施工
审核			设计					出图日期	
项目总负责			绘图			项目名称	多层砌体结构房屋	比例	1:100
								工程编号	
专业负责						图名	F-A立面图 1-1剖面图	图号	[illegible]-05

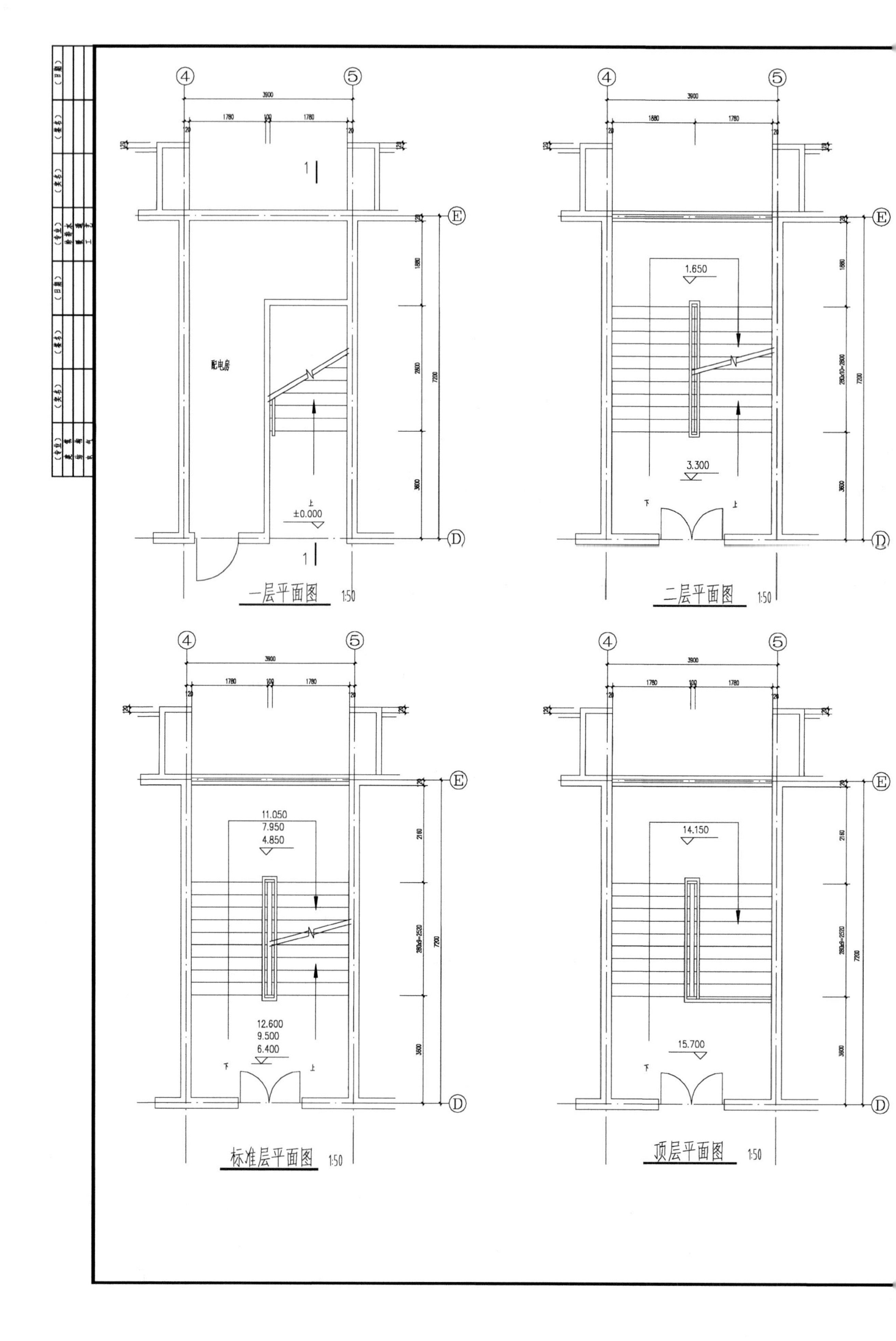

配电房
±0.000
一层平面图 1:50
1.650
3.300
二层平面图 1:50
11.050
7.950
4.850
12.600
9.500
6.400
标准层平面图 1:50
14.150
15.700
顶层平面图 1:50

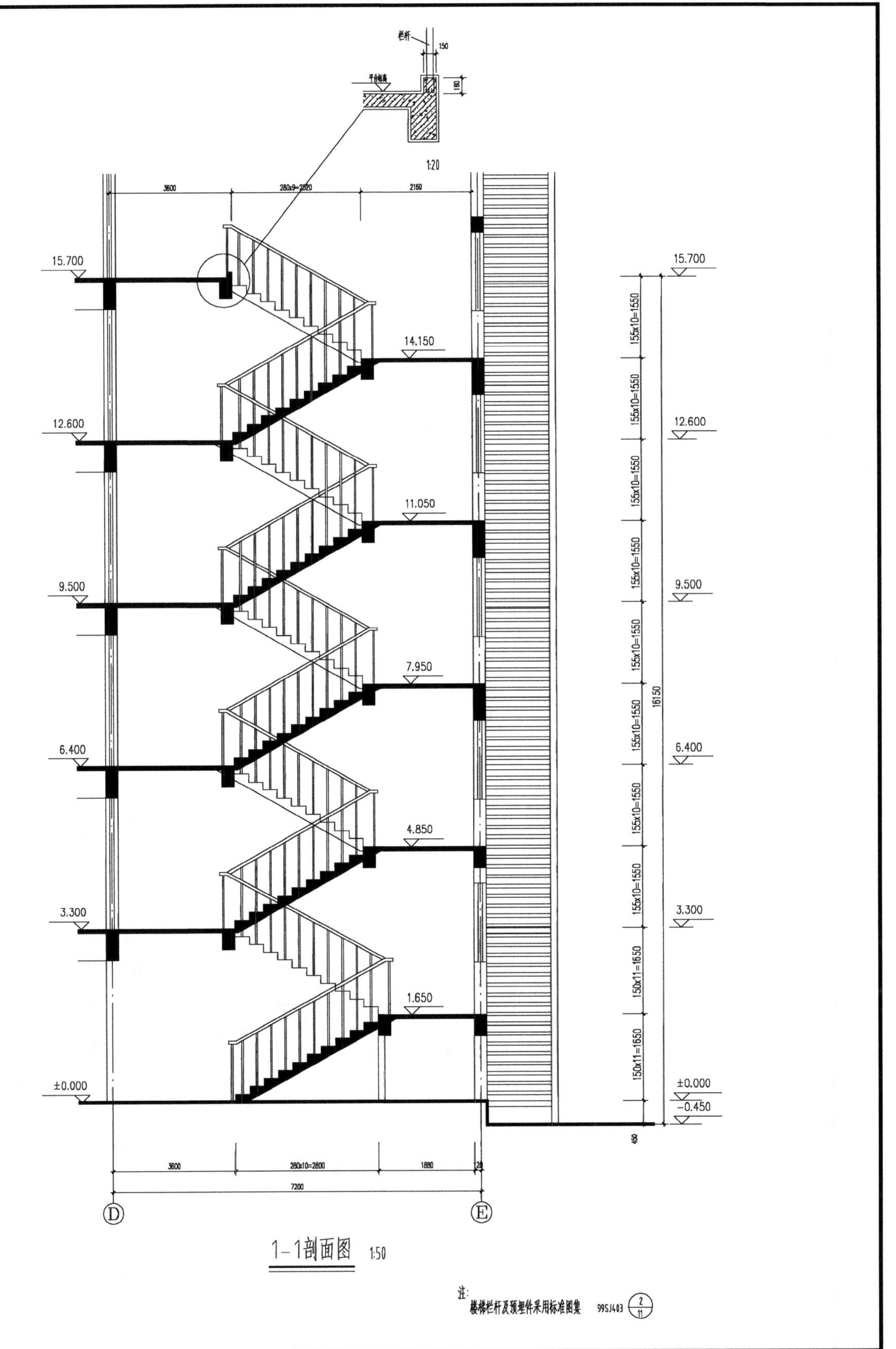

1-1剖面图 1:50

注:
楼梯栏杆及预埋件采用标准图集 99SJ403 (2/11)

勘察设计有限公司（工程设计 甲级 证书编号）

审定			校对			工程名称	上海某职业技术学院	阶段	施工
审核			设计			项目名称	多层砌体结构房屋	出图日期	
项目总负责			绘图					比例	1:100
专业负责						图名	楼梯详图	工程编号	
								图号	建施-06

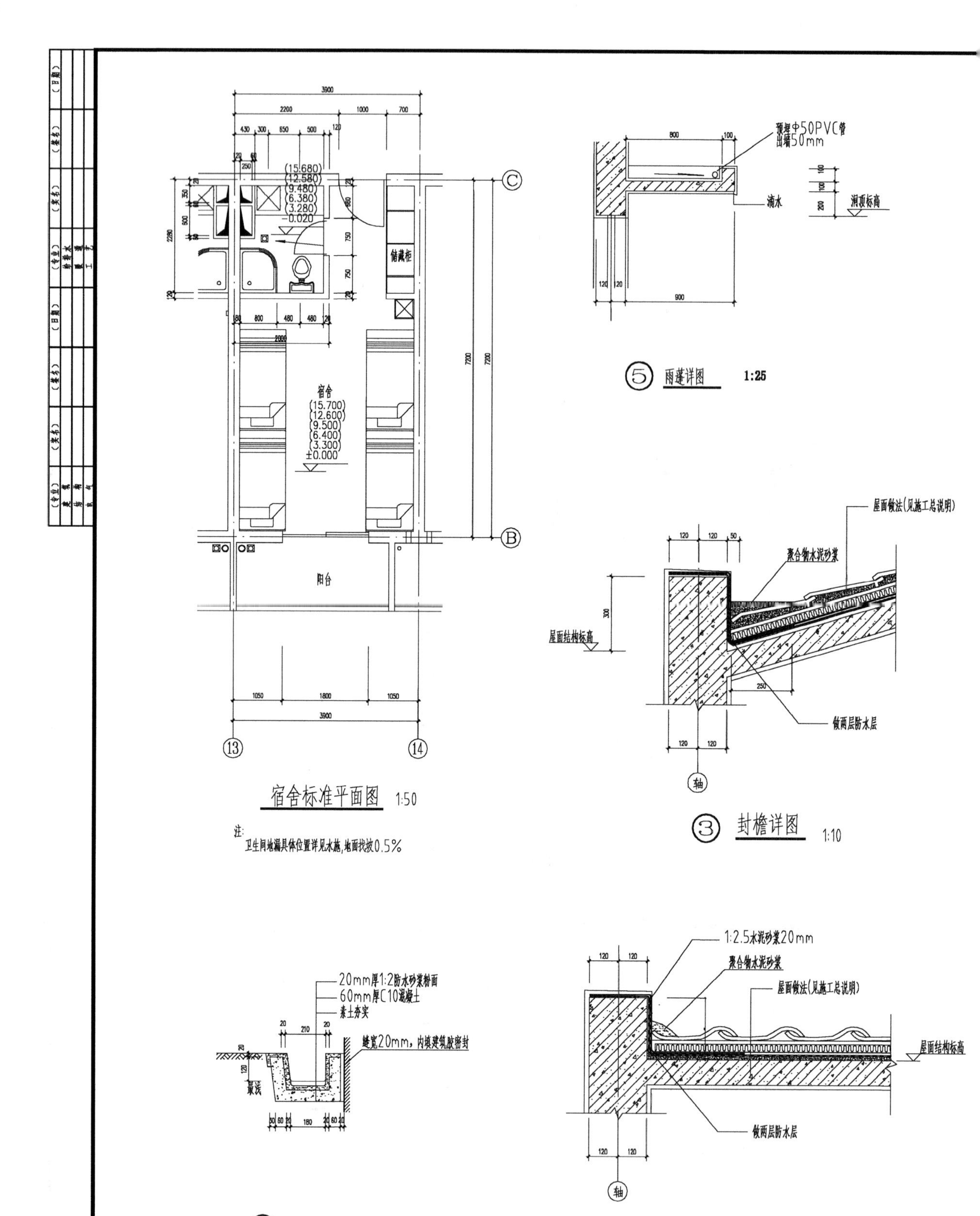

说明:
1. 明沟纵坡为0.5%。
2. 混凝土明沟应沿长度方向每30m设一道伸缩缝,
缝宽20mm,内填建筑油膏密封内填麻丝。

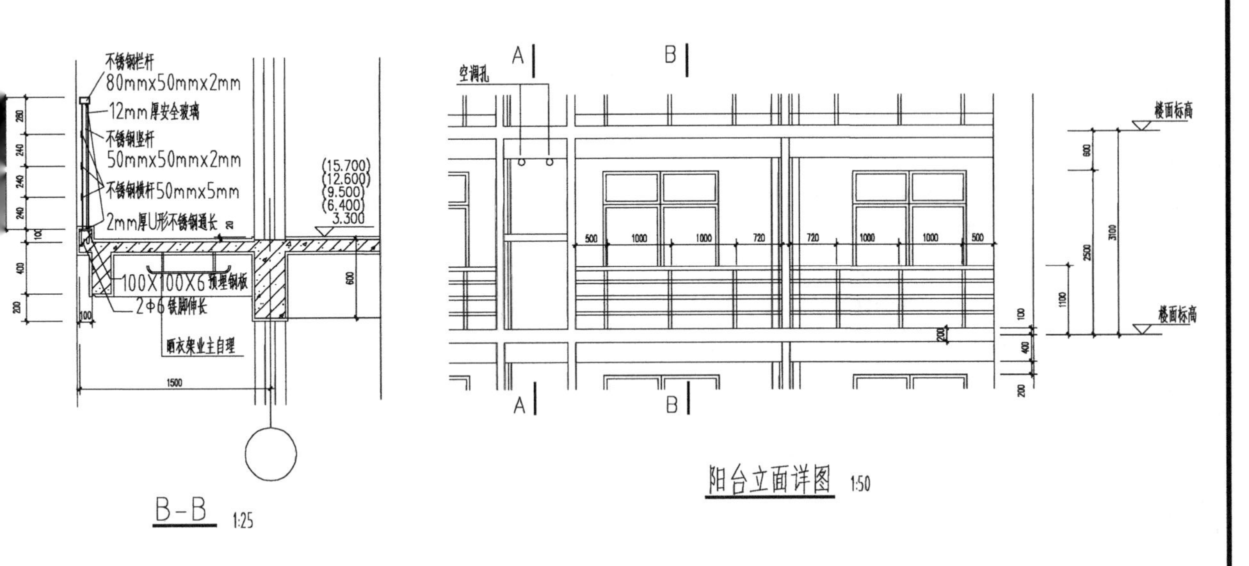

B-B 1:25

阳台立面详图 1:50

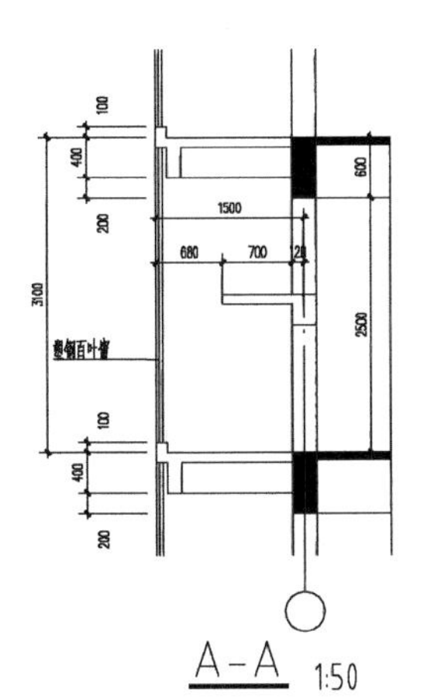

A-A 1:50

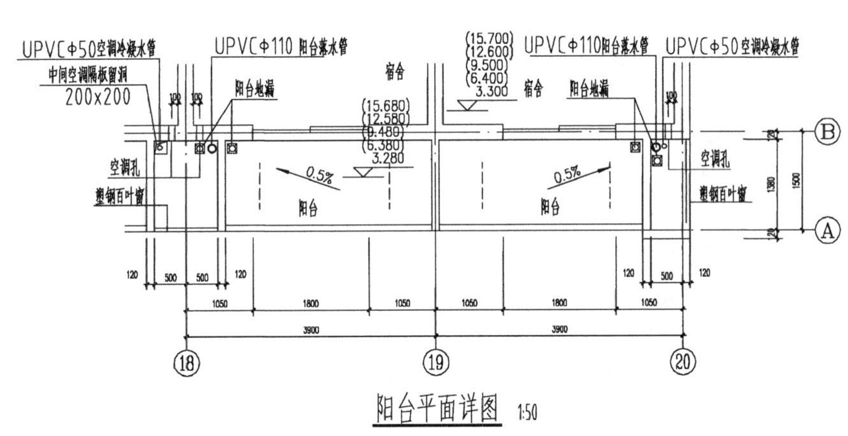

阳台平面详图 1:50

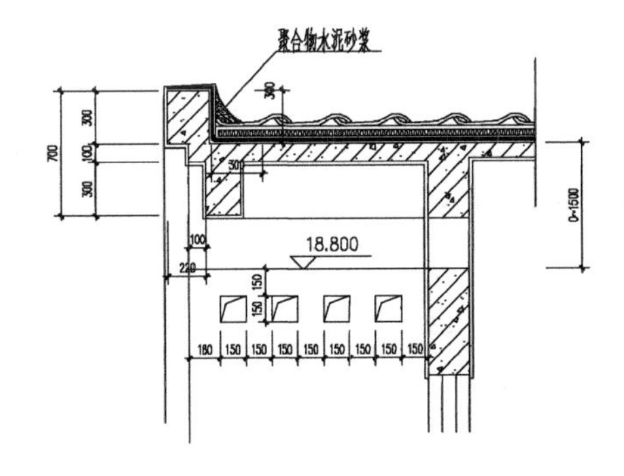

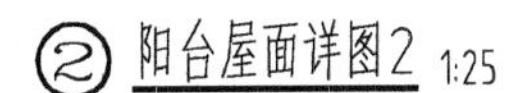

② 阳台屋面详图2 1:25

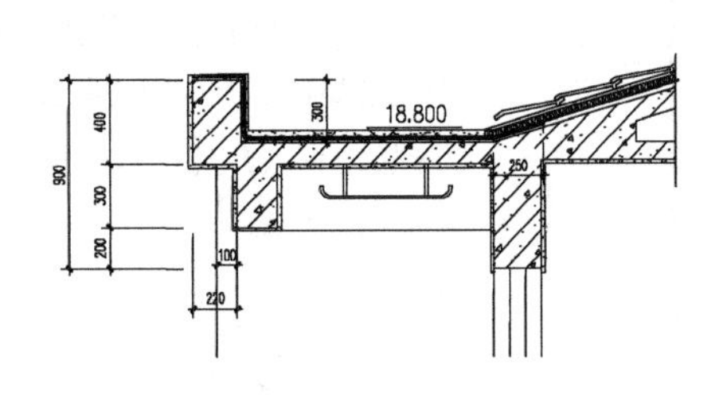

① 阳台屋面详图1 1:25

勘察设计有限公司						(工程设计 甲 级 证书编号)	
审定		校对		工程名称	上海某职业技术学院	阶段	施工
审核		设计		项目名称	多层砌体结构房屋	出图日期	
项目总负责		绘图				比例	1:100
专业负责				图名	节点大样详图	工程编号	
						图号	建施-07

结 构 施

一、本工程概况和总则

1. 本工程为六层砌体结构，现浇钢筋混凝土屋面，檐口标高为18.80m。

2. 相对标高±0.000相当于绝对标高 5.000m.室内外高差450mm

3. 建筑结构的安全等级为二级；基础设计等级为乙级。

4. 建筑物抗震设防类别为丙类，抗震设防烈度为7度，设计基本地震加速度为0.1g，设计地震分组为第一组，建筑物场地类别为Ⅳ类，特征周期Tg=0.9s。

5. 混凝土结构的环境类别：室内正常环境为一类，室内潮湿环境、露天环境、与无侵蚀性的水或土壤直接接触的环境为二a类。

6. 结构混凝土耐久性要求

环境类别		最大水灰比	最小水泥用量/(kg·m^{-3})	最低混凝土强度等级	最大氯离子含量/%	最大碱含量/(kg·m^{-3})
一		0.65	225	C20	1.0	不限制
二	a	0.60	250	C25	0.3	3.0

7. 砌体结构的施工质量控制等级为B级。

8. 结构的设计使用年限为50年。

9. 图纸中尺寸标高以米为单位，其他以毫米为单位。

二、设计依据

1. 本工程初步设计及批准文件。

2. 与本工程相关的其他各种审批文件，设计合同，委托书等。

3. 地质勘察资料由某水利水电勘测设计院提供。

4. 本工程符合建筑，水，电等各工种对结构的要求。

5.《建筑地基基础设计规范》(GB 50007—2011)
《上海市地基基础设计规范》(DGJ 08-11—2010)

6.《建筑结构荷载规范》(GB 50009—2012)

7.《建筑抗震设计规范》(GB 50011—2010)
《上海市建筑抗震设计规程》(DBJ 08-9—2013)

8.《混凝土结构设计规范》(GB 50010—2010)

9.《砌体结构设计规范》(GB 50003—2011)

三、取用荷载

1. 50年一遇的基本风压0.55 kN/m^2，地面粗糙度为B类。风载体型系数为1.3。

2. 50年一遇的基本雪压0.2 kN/m^2（小于屋面活载时按屋面活载考虑）。

3. 楼面活荷载标准值：楼梯、走道、卫生间2.0 kN/m^2；房间：2.0 kN/m^2；挑出阳台：2.5 kN/m^2。

4. 屋顶活荷载标准值：0.5 kN/m^2。

四、材料选用及要求

1. 混凝土

构件	垫层	基础	柱	梁	板	防潮层圈梁
混凝土强度等级	C10	C25	C25	C25	C25	C25,S6

注：S6为抗渗标号。

纵向受力钢筋的保护层厚度表

环境类别	混凝土强度等级	板、墙	梁	柱	基础	备注
一	C20	20	30	30		除满足前述规定外，保护层厚度尚不应小于受力钢筋的直径d
	C25-C30	15	25	30		
二(a)	C25-C30	20	30	30	50	

2. 钢材

Φ表示HPB235 (fy=210N/mm)^2；Φ表示HRB335(fy=300N/mm)^2

预埋件的锚筋应采用，HPB235级，HRB335级，严禁采用冷加工钢筋。

总 说 明(一)

焊条

3.1 手工电弧焊采用的焊条，其性能应符合国家标准《碳钢焊条》(GB/T 5117-1995)和《低合金钢焊条》(GB/T 5118—1995)，其型号可按焊接工艺评定试验确定，对一般钢筋可按表选用

手工电弧焊焊条选用表

钢材种类	搭接焊 绑条焊 预埋件穿孔塞焊	钢筋与钢板搭接焊
HPB235(Φ)	E4303	E4303
HRB335(Φ)	E5003	E4003

3.2 当不同钢筋种类焊接时按低强度的钢筋种类选用焊条。

砌体

砌体材料选用见表

砌体位置	块体		砂浆
	种类	强度等级	
标高±0.000以下	烧结多孔砖(孔洞用M10砂浆灌实)	MU15	M10水泥砂浆
标高±0.000以上	烧结多孔砖	MU10	M10混合砂浆
标高12.560以上	烧结多孔砖	MU10	M5混合砂浆

. 本工程所用其他材料其型号、规格、性能、技术指标必须符合国家规定的标准。

基及基础:

. 本工程基础采用 墙下条形基础+桩复合基础，条形基础坐落在②$_1$层土上，基础底面标高为-1.50m。Rd=115KPa。桩采用<<预制钢筋混凝土方桩>>(04G361)中JaZH-225-1010B，设计承载力为330KN。桩尖进入持力层(土层为第⑤$_{-1}$层粉质黏土)的深度不小于3d(d为桩边长)，桩顶标高为-1.450(绝对标高为3.550m)(即桩顶进入扩展基础50)，桩长为20m。

. 基础梁上部下部钢筋各跨均连通，钢筋搭接长度Lle，上部筋搭接于支座，下部筋搭接于跨中。

. 基坑开挖时应按地基基础设计规范有关要求分层进行，留200mm厚土层人工开挖，以免扰动原状土。

. 基坑开挖基底未达②$_1$土时应挖至到该土层，用C10填至基底标高。

. 挖至基底标高后应立即通知勘察和设计单位验槽，验收合格后方能施工基础垫层。

. 回填基坑时，必须预先清除回填土及基坑中的杂物，在相对的两侧或四周同时均匀进行分层夯实，回填土不得用建筑垃圾。

. 桩制作、施工、试桩要求见桩位平面图中相关说明。

. 沉降观测

8.1 应按基础图上设置的沉降观测点位置设置沉降观测点。

8.2 观测点的构造见"图三"。

8.3 观测应从基础施工开始，施工至±0.00以上时要将观测点翻测至0.00以上的永久观测点。

8.4 沉降观察一般根据施工进度要求每施工一层观测一次，竣工后第一年每隔2～3月观测一次，以后每隔4～6月观测一次。沉降停测标准为连续两次半年沉降量不超过2mm。

8.5 施工中如果观测沉降有异常情况，应及时通知设计。

六、预埋铁件

1. 钢材：HPB235(Φ),HRB335(Φ)
2. 焊条：E43(Ⅰ级钢)；E50(Ⅱ级钢)；
3. 所有外露铁件一律涂红丹二度，灰漆一度，并应注意经常保养。
4. 梁、柱预埋件锚脚，如与主筋相碰时，可将锚脚移位，但应移置主筋以内，(预埋件钢板位置不动)或将锚脚弯至主筋以内。

七、构造要求

1. 混合结构圈梁于转角、丁字交叉处，钢筋连结构造见"图一""图二"。
2. 砖墙与钢筋混凝土处连结处，柱子应预留拉筋与墙连结，拉筋伸入每隔500，布置一道2Φ6。见"图七"。
3. 梁钢筋接长位置：上部钢筋接在跨中，下部钢筋接在支座。
4. 梁纵向受拉钢筋的最小锚固长度 lae：当混凝土C20/25时，HPB235钢为33/28d，HPB335钢41/35d。搭接长度 Lle：当同一区段钢筋搭接接头面积50%时C25 HRB235钢47d，HRB335钢为58d。更详尽数据见国家标准图集《混凝土结构施工图平面整体表示方法制图规则和构造详图》(16G101-1)。
5. 施工图中未注明的主次梁相交处的附加筋见"图四"。
6. 梁柱箍筋弯钩要求见"图五"。
7. 墙上的门窗过梁除有详图注明者外，其断面及配筋按"图十四"选用，具体位置及过梁梁底标高见有关建施图，当过梁与构造柱相连时，按"图十五"。
8. 构造柱应先砌墙后浇柱，砖墙砌成马牙槎。
9. 构造柱与圈梁相交的节点处，应加密柱的箍筋，加密范围在圈梁上下均不小于500mm及1/6层高，箍筋间距100mm。
10. 板配筋钢筋伸出长度示意及挑梁钢筋构造示意分别见"图九""图十"。
11. 本图中未说明的梁端构造见"图十一"。
12. 阳台及楼梯踏步等建筑要求设置栏杆处，应布置通长预埋件如"图十二"所示。其布置位置见建筑图。
13. 板配筋中未注明的钢筋为Φ8@200，未表示的分布筋为Φ6@200。
14. 基础插筋锚固见"图八"。基础底板布筋构造见"图六"。
15. 外墙转角处板面板底附加放射筋，详见"图十三"，阳角处房间板配筋上下拉通(双向双层)间距改为100mm。

勘察设计有限公司				(工程设计 甲 级 证书编号)	
审定		校对		工程名称	上海某职业技术学院	阶段	施工
审核		设计		项目名称	多层砌体结构房屋	出图日期	
项目总负责		绘图				比例	1:100
专业负责				图名	结构施工设计说明(一)	工程编号 / 图号	结施-01

结 构 施 工

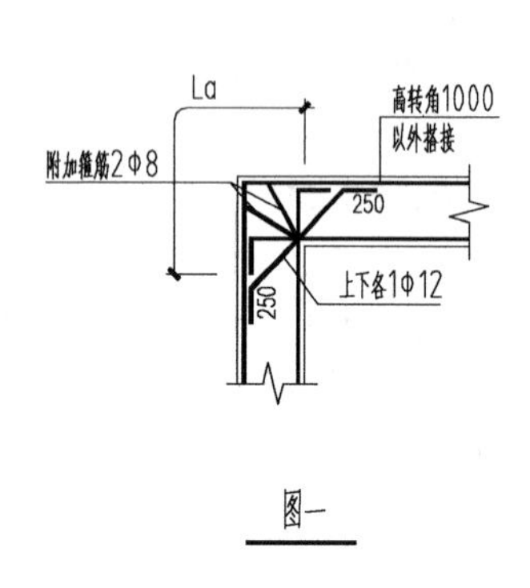

图一

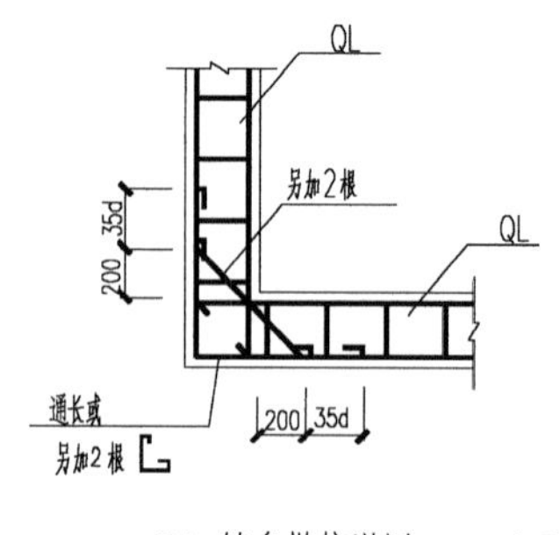

QL转角搭接详图（平面）

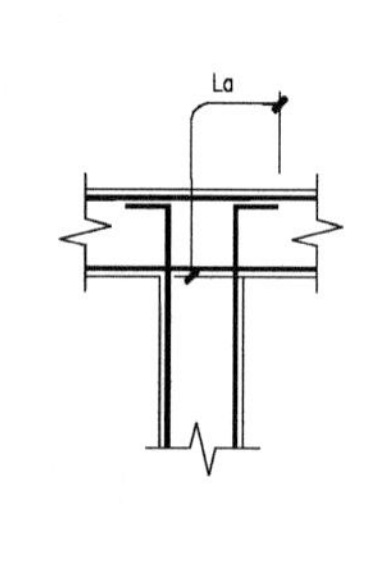

图二

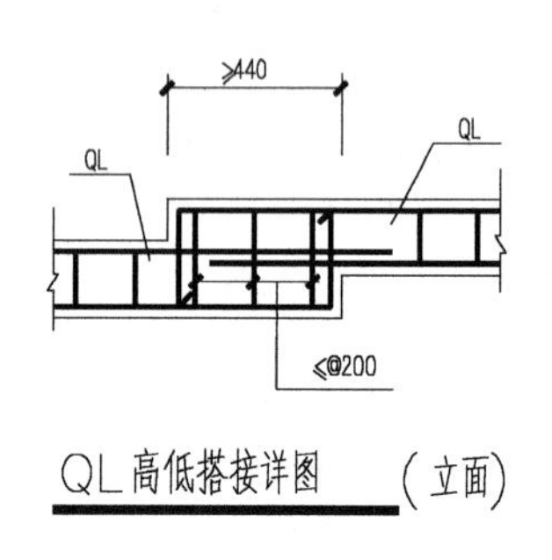

QL高低搭接详图（立面）

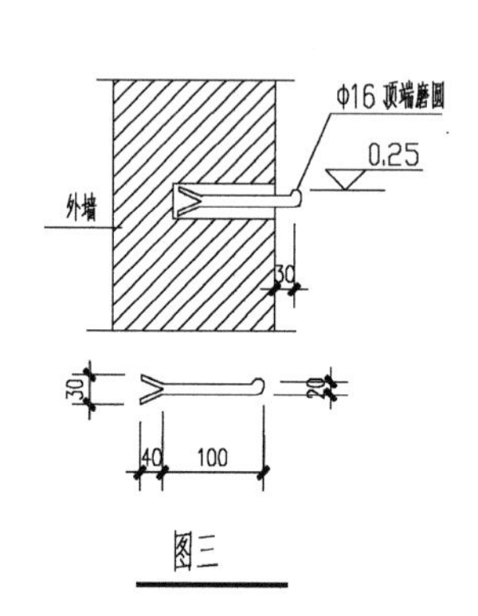

图三

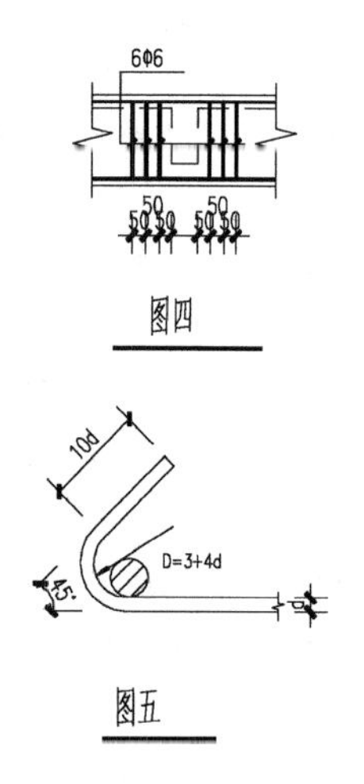

图四

图五

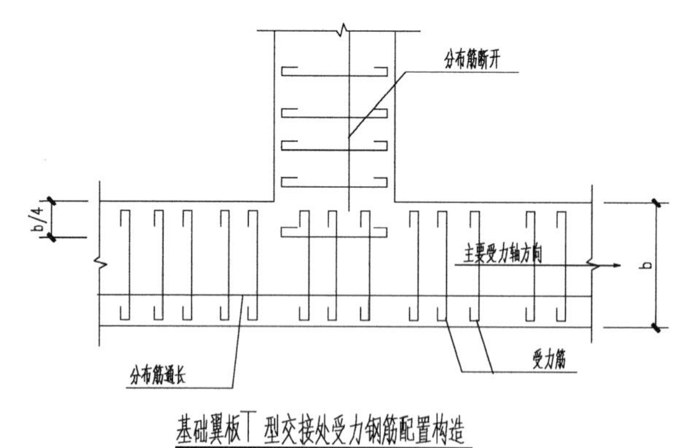

基础翼板T型交接处受力钢筋配置构造

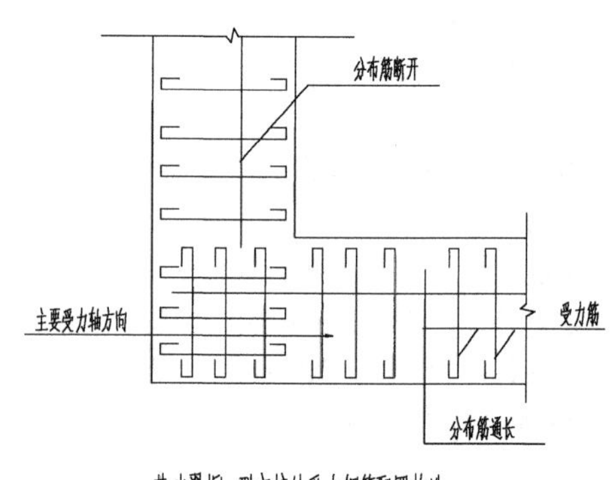

基础翼板L型交接处受力钢筋配置构造

图六

总 说 明（二）

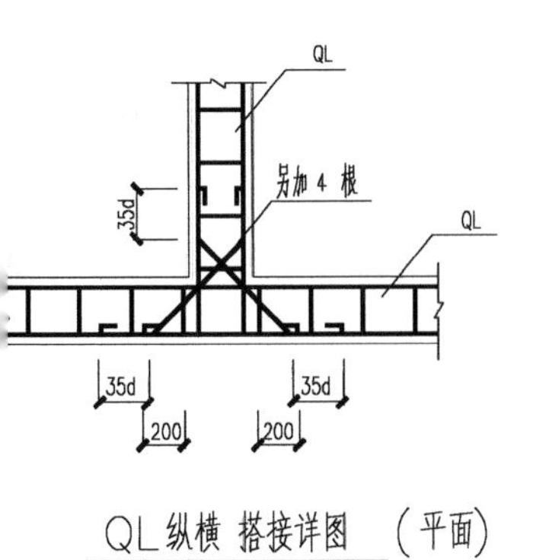

QL纵横 搭接详图 （平面）

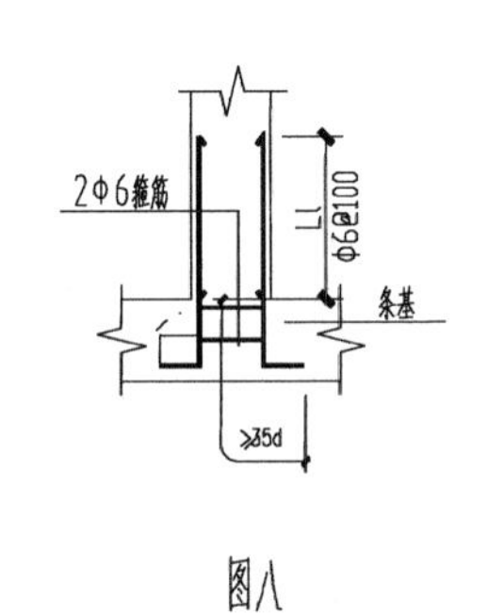

图八

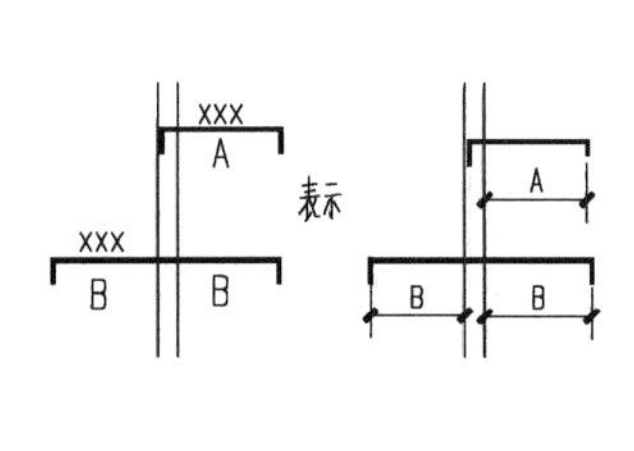

图九

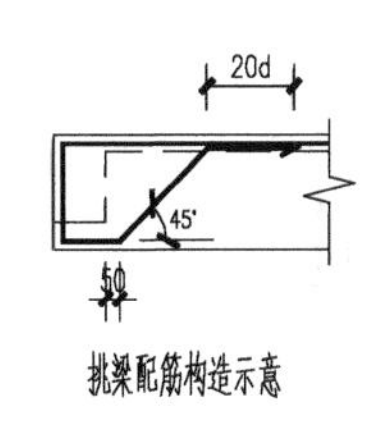

图十

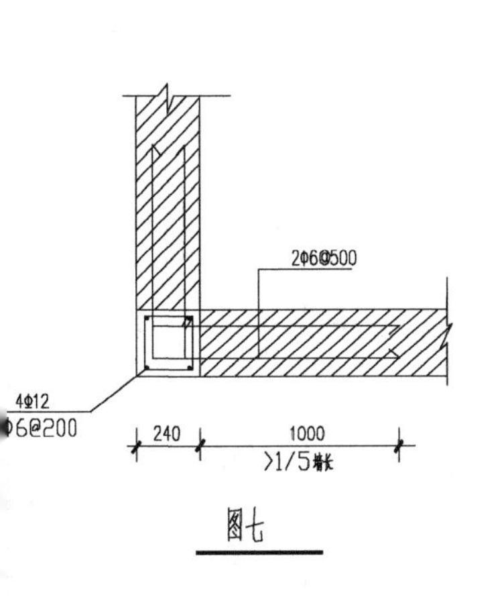

图七

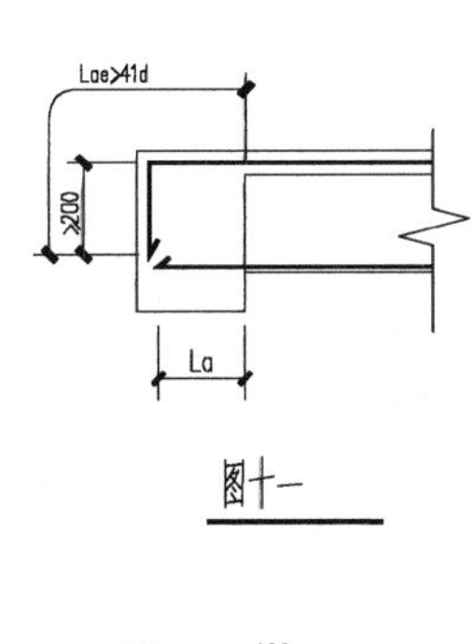

图十一

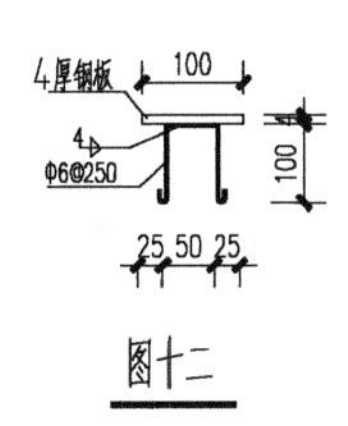

图十二

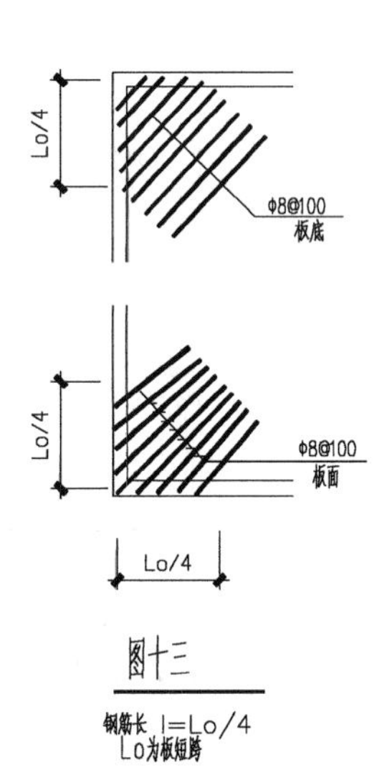

图十三

钢筋长 l=Lo/4
Lo为板短跨

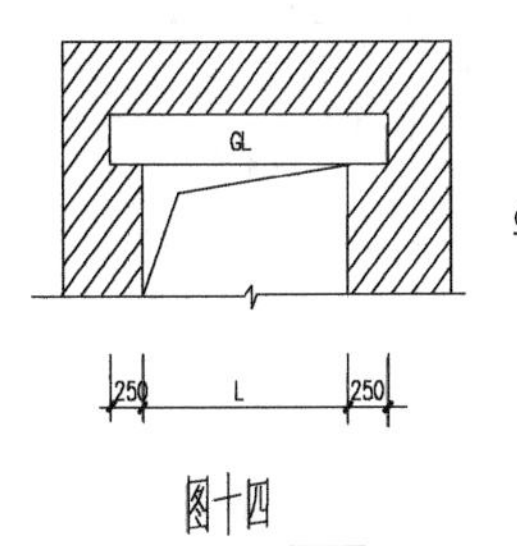

①
Φ6@200
h
②
240

L	h	配筋		备注
		①	②	
<1500	120		2Φ14	
1500-2400	180	2Φ10	2Φ18	
2400-3600	240	2Φ10	3Φ16	
3600-4500	300	2Φ12	3Φ18	

图十四

柱预留过梁主筋
柱上凿槽20深
250
LaE
GL
过梁主筋
L
250

图十五

勘察设计有限公司				（工程设计 甲 级 证书编号 ）	
审 定		校 对		工程名称	上海某职业技术学院
审 核		设 计		项目名称	多层砌体结构房屋
项目总负责		绘 图		图 名	结构施工设计说明（二）
专业负责					

阶 段	施工
出图日期	
比 例	1:100
工程编号	
图 号	结施-02

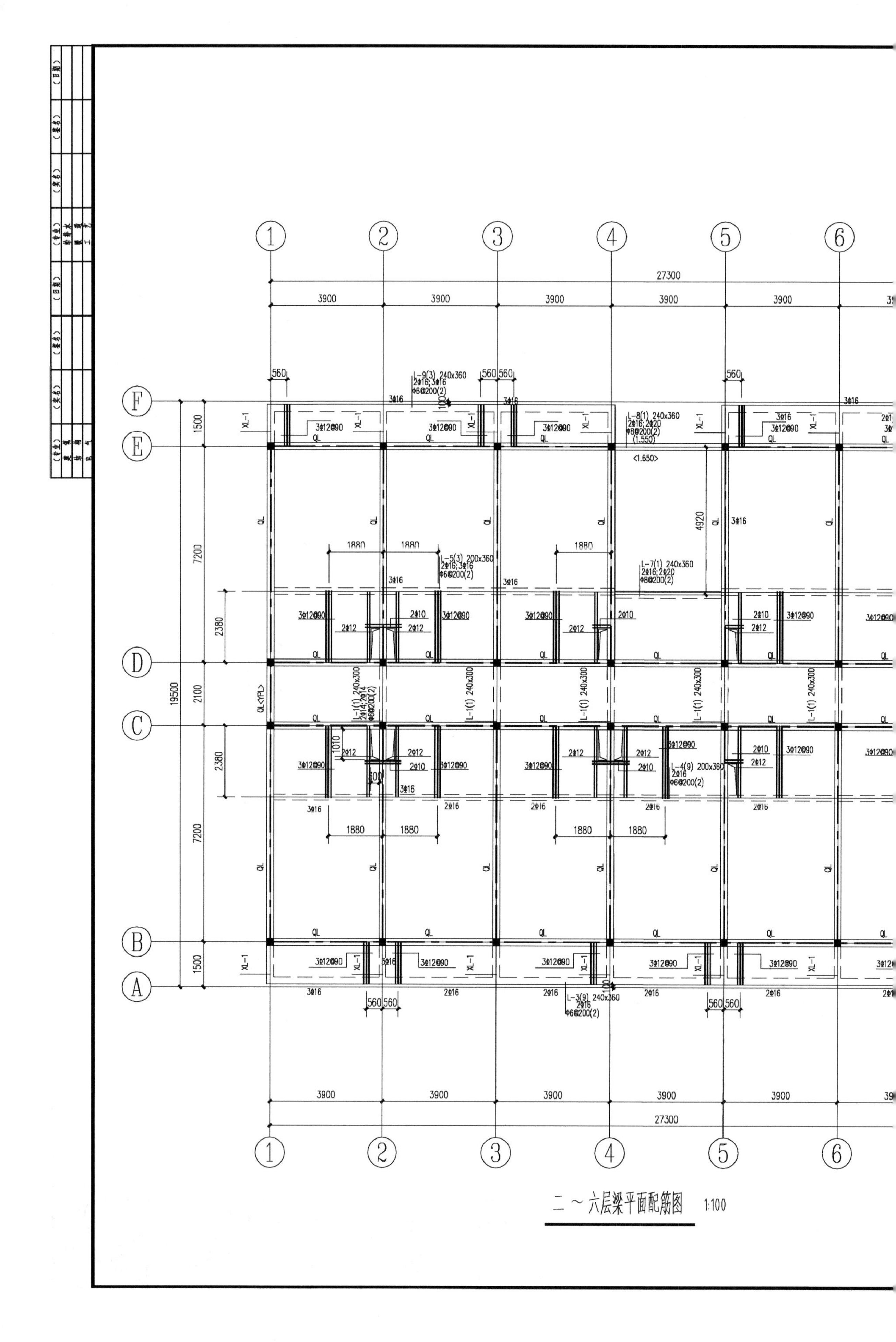

二～六层梁平面配筋图 1:100

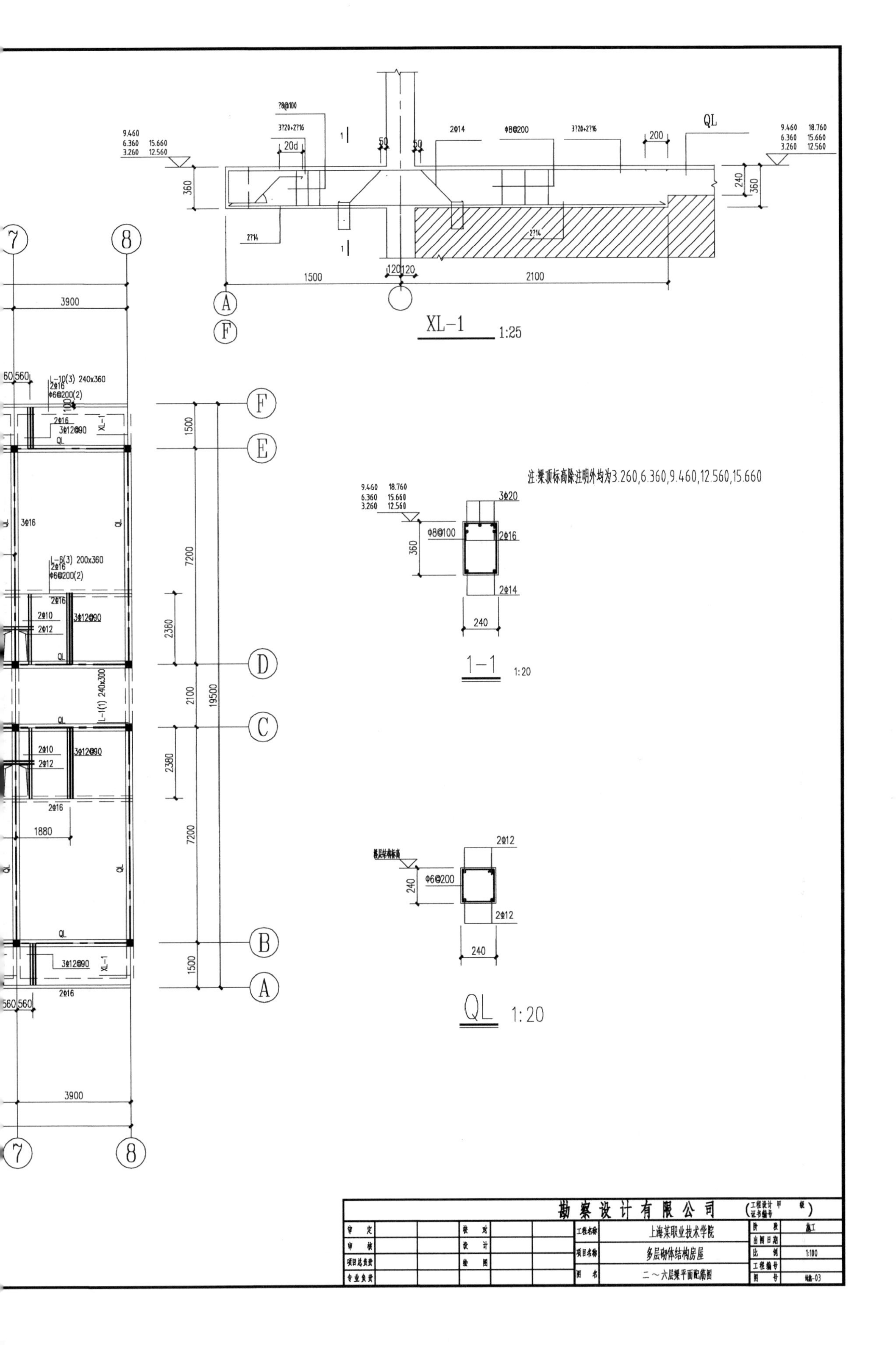
XL-1 1:25
1-1 1:20
QL 1:20
注:梁顶标高除注明外均为3.260,6.360,9.460,12.560,15.660
L-10(3) 240x360
L-6(3) 200x360
L-1(1) 240x300
3900
19500
勘察设计有限公司
上海某职业技术学院
多层砌体结构房屋
二～六层梁平面配筋图
审定
审核
项目总负责
专业负责
校对
设计
绘图
工程名称
项目名称
图名
阶段
施工
出图日期
比例
1:100
工程编号
图号

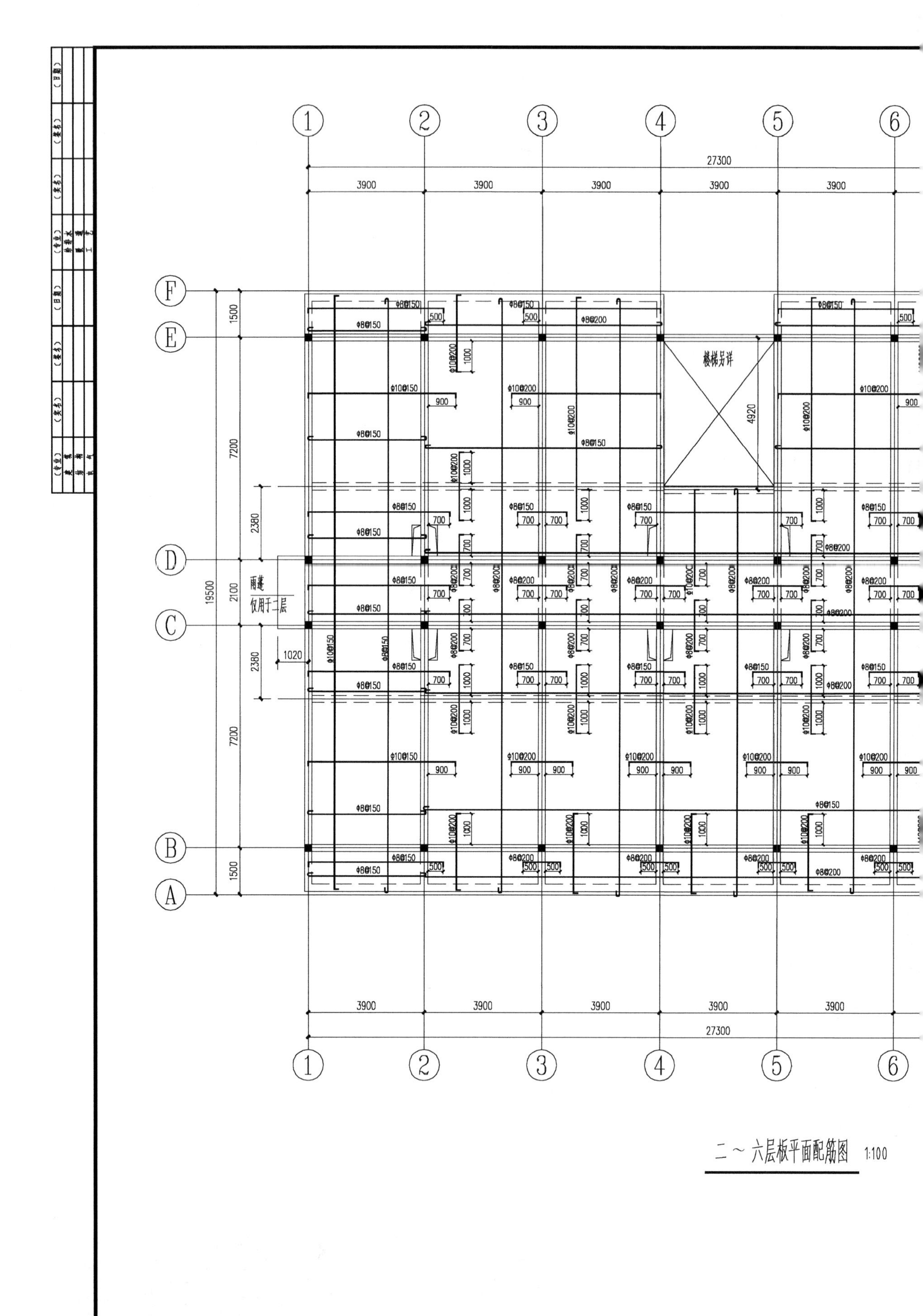

二～六层板平面配筋图 1:100

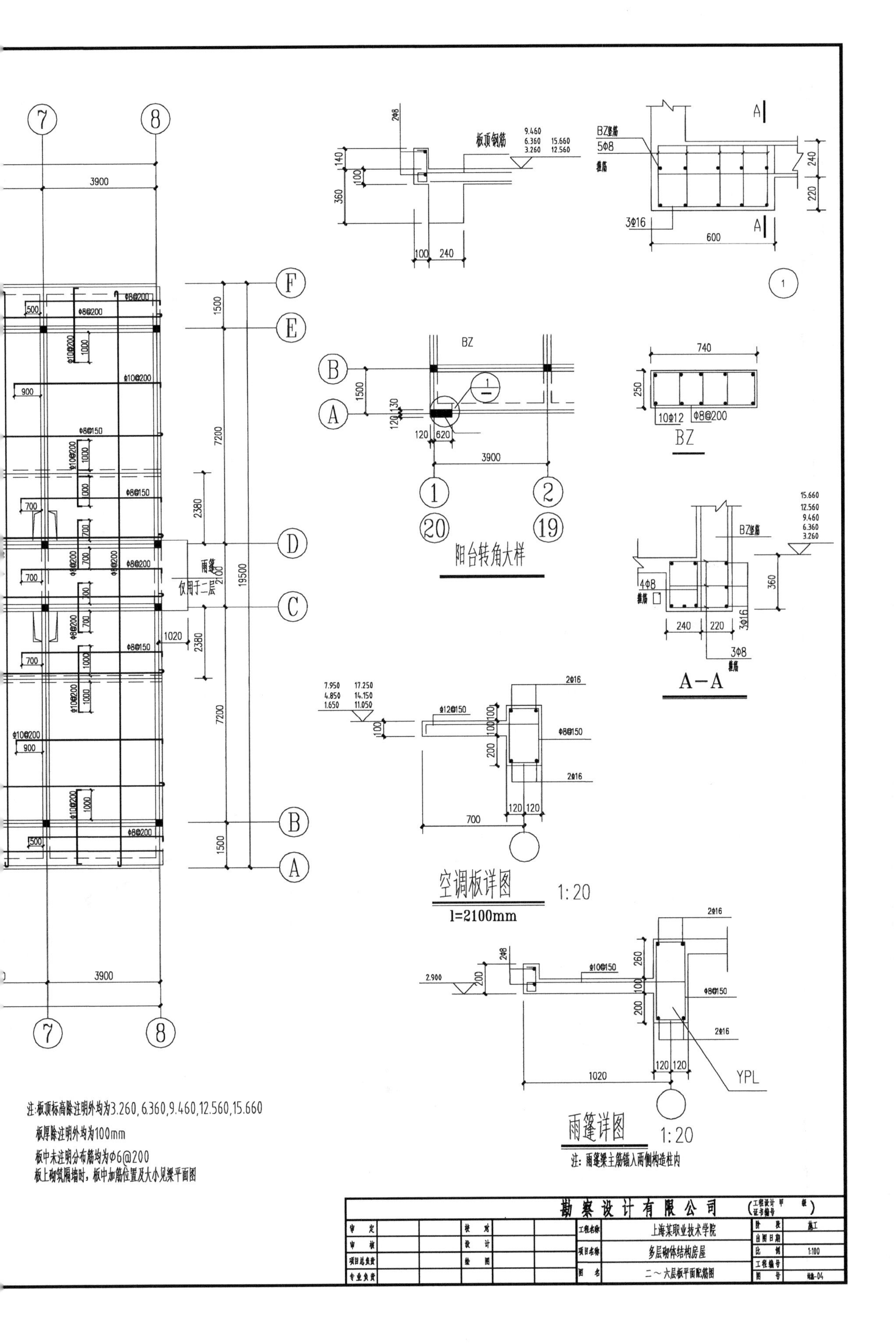

板顶钢筋
9.460
6.360
3.260
15.660
12.560
2Φ8
140
100
360
100
240
BZ纵筋
5Φ8
箍筋
3Φ16
600
240
220
A
1
3900
1500
7200
2380
2100
1020
19500
雨篷
仅用于二层
Φ8@200
Φ8@150
Φ10@200
500
900
700
1000
BZ
620
120
130
阳台转角大样
740
250
10Φ12
Φ8@200
BZ
15.660
12.560
9.460
6.360
3.260
BZ纵筋
4Φ8
箍筋
3Φ16
3Φ8
A—A
7.950
4.850
1.650
17.250
14.150
11.050
Φ12@150
2Φ16
Φ8@150
200
120
700
空调板详图
1:20
l=2100mm
2.900
Φ10@150
260
YPL
1020
雨篷详图
1:20
注：雨篷梁主筋锚入两侧构造柱内
注：板顶标高除注明外均为3.260, 6.360, 9.460, 12.560, 15.660
板厚除注明外均为100mm
板中未注明分布筋均为Φ6@200
板上砌筑隔墙时，板中加筋位置及大小见梁平面图
勘察设计有限公司
工程名称 上海某职业技术学院
项目名称 多层砌体结构房屋
图名 二～六层板平面配筋图
审定
审核
项目总负责
专业负责
校对
设计
绘图
阶段 施工
出图日期
比例 1:100
工程编号
图号 结施-04

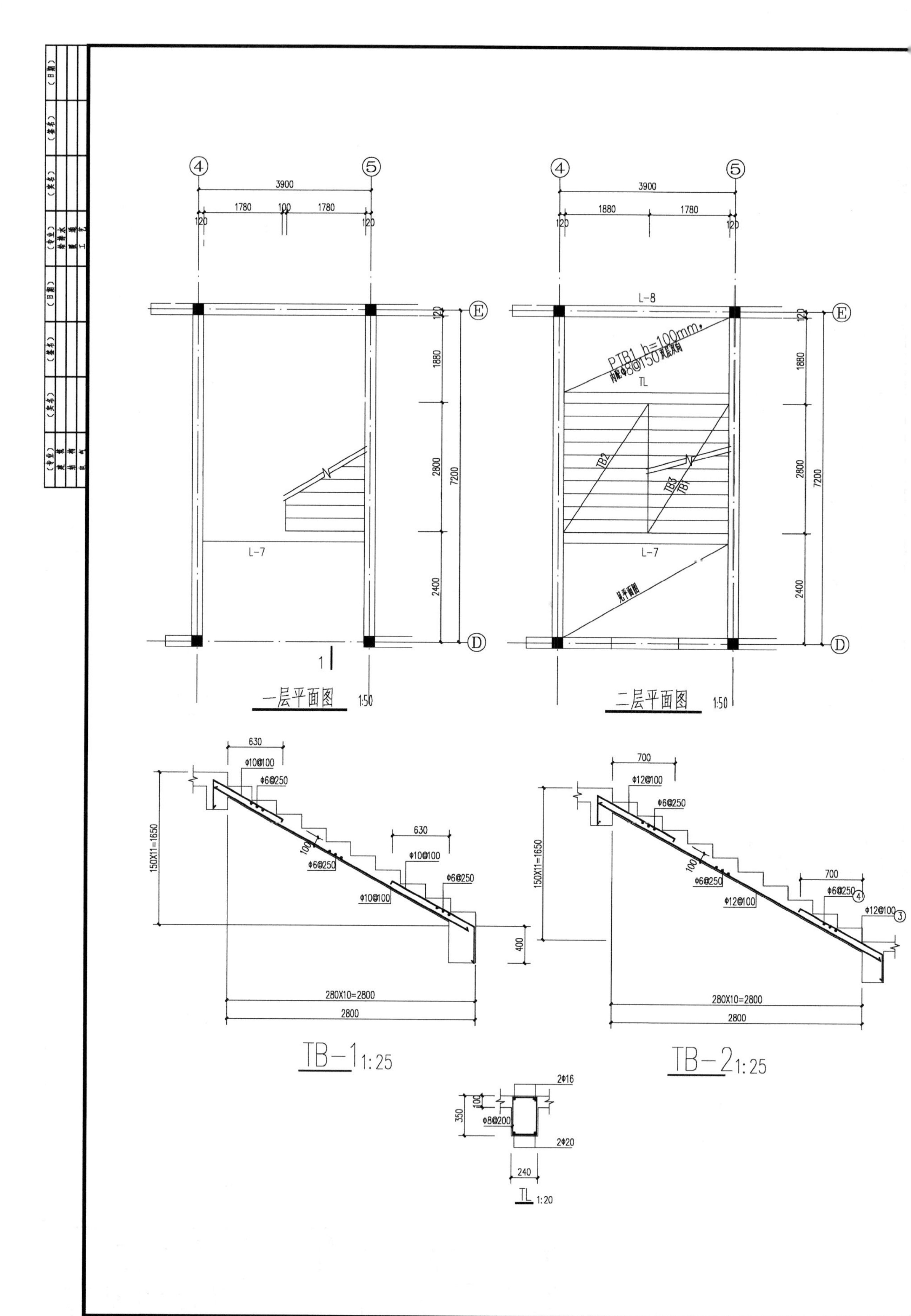

3900
1780
100
1780
1880
120
L-8
L-7
TL
TB2
TB3
TB1
PTB1 h=100mm,
1880
2800
2400
7200
一层平面图 1:50
二层平面图 1:50
630
700
φ10@100
φ12@100
φ6@250
150X11=1650
100
400
280X10=2800
2800
TB-1 1:25
TB-2 1:25
2φ16
2φ20
φ8@200
350
240
TL 1:20

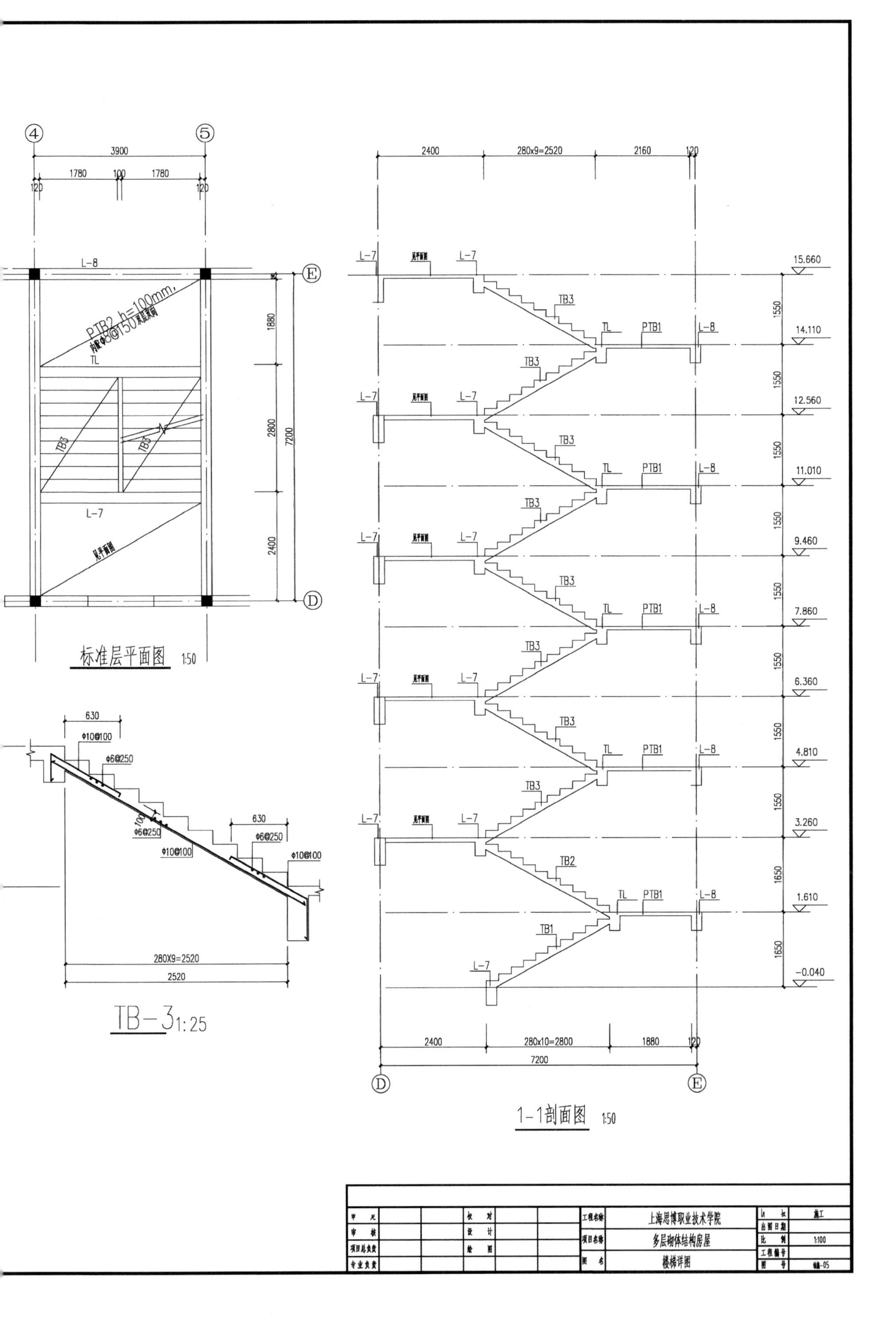

④
⑤
3900
1780
100
1780
120
120
L-8
E
D
PTB2 h=100mm,
TL
TB3
TB3
L-7
1880
2800
2400
7200
标准层平面图 1:50
630
Φ10@100
Φ6@250
100
Φ6@250
Φ10@100
630
Φ6@250
Φ10@100
280X9=2520
2520
TB-3 1:25
2400
280x9=2520
2160
120
L-7
TB3
TL
PTB1
L-8
TB2
TB1
15.660
14.110
12.560
11.010
9.460
7.860
6.360
4.810
3.260
1.610
-0.040
1550
1650
280x10=2800
1880
7200
1-1剖面图 1:50
审定
审核
项目总负责
专业负责
校对
设计
绘图
工程名称
上海思博职业技术学院
项目名称
多层砌体结构房屋
图名
楼梯详图
出图日期
比例
1:100
工程编号
图号
施工